Gabriela Barczyk

Roztocze drapieżne wybranych jaskiń Wyżyny Krakowsko-Częstochowskiej

Gabriela Barczyk

Roztocze drapieżne wybranych jaskiń Wyżyny Krakowsko-Częstochowskiej

Analiza wpływu parametrów siedliskowych na zgrupowania roztoczy Gamasina (Arachnida, Acari)

Wydawnictwo Bezkresy Wiedzy

Impressum / Imprint
Bibliografische Information der Deutschen Nationalbibliothek: Die Deutsche Nationalbibliothek verzeichnet diese Publikation in der Deutschen Nationalbibliografie; detaillierte bibliografische Daten sind im Internet über http://dnb.d-nb.de abrufbar.

Informacja bibliograficzna Niemieckiej Biblioteki Narodowej: Niemiecka Biblioteka Narodowa rejestruje tę publikację w Niemieckiej Bibliografii Narodowej; szczegółowe informacje bibliograficzne dostępne są w Internecie na stronie http://dnb.d-nb.de.

Coverbild / Okładka: www.ingimage.com

Verlag / Wydawnictwo:
Wydawnictwo Bezkresy Wiedzy
ist ein Imprint der / jest znakiem handlowym
OmniScriptum GmbH & Co. KG
Bahnhofstraße 28, 66111 Saarbrücken, Deutschland / Niemcy
Email: info@bezkresywiedzy.com

Herstellung: siehe letzte Seite /
Druk: patrz ostatnia strona
ISBN: 978-3-639-89038-9

Zugl. / Approved by: Katowice, Uniwersytet Śląski, rozprawa doktorska, 2011

Składam serdeczne podziękowania

dr hab. Grażynie Madej
za cierpliwość, wsparcie oraz wiele cennych rad i uwag, bez których praca ta by nie powstała

dr hab. inż. Dariuszowi Jarosławowi Gwiazdowiczowi za konsultację i pomoc w oznaczeniu roztoczy z rodzaju Dendrolaelaps

mojemu Mężowi za inspirację i odkrycie przede mną piękna jaskiń oraz nieocenioną pomoc w pokonywaniu trudności

mojej Mamie za wiarę we mnie

dr Aleksandrze Nadgórskiej-Sosze i dr Marcie Kandziorze-Ciupie za dobre rady i obecność w trudnych chwilach

Badania zostały sfinansowane z grantu promotorskiego Ministerstwa Nauki i Szkolnictwa Wyższego nr N N304 319236

Pracę tę dedykuję moim Dzieciom

SPIS TREŚCI

SPIS TREŚCI

SPIS TREŚCI

SPIS TREŚCI

SPIS TREŚCI

SPIS TREŚCI

1. WSTĘP I CELE PRACY

Mesostigmata są dużym, kosmopolitycznym rzędem roztoczy. Większość gatunków to wolnożyjące drapieżniki, pasożyty lub symbionty ssaków, gadów i stawonogów, zasiedlające glebę, ściółkę czy rozkładające się drewno. Wśród nich występują również sapro- i mykofagi (Lindquist i in. 2009). Z tego względu pełnią one ważną rolę w funkcjonowaniu i utrzymaniu równowagi w ekosystemach oraz doskonale nadają się do analizowania życia gleby. Mesostigmata, a szczególnie Gamasina, są dobrymi wskaźnikami sukcesji, indykatorami zanieczyszczenia środowiska a także są sprzymierzeńcami w walce biologicznej ze szkodnikami (Karg, Freier 1995, Boczek, Błaszak 2005). Ze względu na to, że zgrupowania stawonogów glebowych są jednym z najbogatszych gatunkowo składników ekosystemów lądowych (Giller 1996), poznanie fauny roztoczy ma duże znaczenie w badaniach bioróżnorodności.

Po podpisaniu Konwencji o Różnorodności Biologicznej w Rio de Janeiro w 1992r., wzrosło zainteresowanie badaczy szeroko pojętą bioróżnorodnością i czynnikami wpływającymi na jej wielkość. Pojęcie to, w ogólnym zakresie, oznacza rozmaitość wszystkich form życia na Ziemi (Gliwicz 1992, Symonides 1992). Działalność człowieka w przyrodzie często prowadzi do ujednolicenia środowiska (Witkowski 1970), co powoduje spadek różnorodności gatunkowej i zachwianie równowagi biologicznej, a obecność dużej liczby gatunków, jest podstawą normalngo fukcjonowania biocenozy w zmieniających się warunkach środowiskowych (Trojan, Wytwer 1996). Jest to ekologiczny argument, przemawiający za ochroną różnorodności gatunków, gdyż zawsze są one składnikami ekosystemów (Andrzejewski 1996). We wszystkie długoterminowe strategie ochrony bioróżnorodności musi być włączona ochrona różnorodności gleby. Działania te dotyczyć powinny identyfikacji i ochrony terenów o unikalnych, endemicznych lub zagrożonych zgrupowaniach organizmów glebowych (Hågvar 1998). W tym kontekście, jaskinie mogą dostarczyć wielu danych na temat nieznanych gatunków (Ducarme i in. 2003) i jako bardzo wrażliwy ekosystem powinny podlegać szczególnej ochronie (Tercafs 2001). Liczba gatunków w jednej jaskini jest mała w porównaniu z liczbą gatunków danego regionu. Jednak nawet w jaskiniach położonych blisko siebie mogą występować różne gatunki. Dlatego nie można pomijać badań prowadzonych w pojedynczych jaskiniach, bo ostatecznie to one wpływają na różnorodność regionalną (Culver, Sket 2000). Jeżeli ich nie poznamy, nie będziemy właściwie chronić komponentów bioróżnorodności (Elliott, City 2005).

1.1. Charakterystyka jaskiń

Jaskinia to naturalna próżnia skalna o rozmiarach umożliwiających eksplorację przez człowieka. Jej szczególnym przypadkiem jest schronisko skalne, które stanowi niewielką, płytką jaskinię o dostępie światła i podlegającą wpływom zewnętrznym.

WSTĘP I CELE PRACY

Jaskinie są postrzegane jako statyczne i całkowicie homogeniczne środowisko (Moulds 2006, Polonius 2008). W większości jaskiń światło dzienne oświetla partie przyotworowe, a jego zasięg nie przekracza kilkudziesięciu metrów i jest bezpośrednio uzależniony od wielkości oraz położenia otworu. Wilgotność powietrza jest bardzo wysoka i dochodzi w głębszych partiach do 100%. Temperatura powietrza wewnątrz jaskiń jest zazwyczaj stała, jedynie w niewielkich próżniach podlega wahaniom dobowym. Takie warunki sprawiają, że jaskinie stanowią unikalny ekosystem, a w rejonach krasowych są często refugiami życia wielu wysoce wyspecjalizowanych organizmów i endemitów (Culver 1982, Elliott 2007, Romero 2009).

W jaskiniach wyróżnić możemy kilka stref ekologicznych przedstawionych na ryc.1.1. **Strefa wejściowa (Entrance Zone)** jest przestrzenią leżącą bezpośrednio przed i za głównym otworem jaskini lub otworami przez które możliwe jest wejście. Strefa ta jest oświetlona światłem dziennym, temperatura i wilgotność są zbliżone do wartości parametrów panujących na zewnątrz. W strefie tej często występują rośliny, których skład gatunkowy odpowiada roślinności otoczenia. **Strefa mroku (Twilight Zone)** przylega bezpośrednio do strefy wejściowej. Jest to część jaskini, w której na skałach występują mchy i glony oraz inne cieniolubne rośliny. Temperatura i wilgotność ciągle jeszcze podlegają wpływom środowiska zewnętrznego. Kolejne partie jaskini tworzą **strefę ciemności (Dark Zone)**. Strefa ta jest wewnętrznie zróżnicowana. Rozpoczyna się **strefą przejściową (Transition Zone)**, w której temperatura i wilgotność są wypadkową zmian na zewnątrz, jednak światło już tu nie dociera. **Strefa wewnętrzna (Deep Cave Zone)** jest najniżej położoną częścią jaskini, charakteryzującą się stałym mikroklimatem. W niektórych jaskiniach występuje ponadto **strefa zalegającego powietrza (Stale Air Zone)**, która odznacza się obniżonym poziomem O_2 i podwyższonym poziomem CO_2 powstającym z utleniania materii organicznej (Howarth, Stone 1990, James 1997, Polonius 2008).

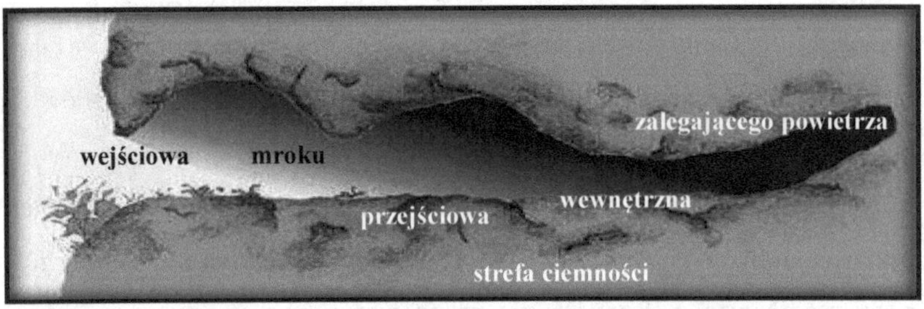

Ryc.1.1. Strefy ekologiczne w jaskini (wg. Serwisu Edukacyjnego Państwowego Instytutu Geologicznego).

Jaskinie mogą różnić się między sobą wielkością stref a mikroklimat jest wynikiem zarówno warunków panujących na zewnątrz jak i budowy geologicznej. Ze względu na warunki termiczne i cyrkulację powietrza jaskinie dzielimy na: statyczne i dynamiczne. W statycznych utrzymuje się stała temperatura podlegająca tylko wahaniom w strefie wejściowej. Aby takie warunki mogły zaistnieć jaskinia nie może posiadać połączeń z powierzchnią czy innymi próżniami. Jaskinie dynamiczne to takie, w których występuje stała cyrkulacja powietrza będąca wynikiem obecności kilku otworów położonych na różnych wysokościach.

Również położenie jaskiń w skale (tzw. rozwinięcie) ma wpływ na wielkość czy obecność wyróżnionych stref ekologicznych.

1.2. Źródła materii organicznej w jaskiniach

Pod względem produktywności, jaskinie są ubogie a cała materia organiczna będąca podstawą życia organizmów, pochodzi z zewnątrz (Poulson Lavoie 2000, Culver i in. 2006). Źródłem składników pokarmowych są szczątki organiczne dostające się do wnętrza wraz z osypującą się ziemią z otaczających otwór jaskini skał lub z topniejącym śniegiem. Materia organiczna dostępna dla organizmów jako źródło pożywienia to także rozkładające się szczątki zwierzęce, guano i odchody innych zwierząt oraz resztki pokarmu pozostawione przez organizmy czasowo przebywające w jaskiniach. Przemieszczanie się materii organicznej z gleby do jaskiń odbywa się w sposób bierny i aktywny. Pasywne przemieszczanie się substancji polega na przenoszeniu ich przez przepływającą przez jaskinie wodę a aktywne – dzięki migracjom bezkręgowców (Gers 1998).

1.3. Ekologiczna klasyfikacja zwierząt jaskiniowych

Schiner w 1854 r. (za Romero 2009) dokonał podziału organizmów występujących w jaskiniach. System ten został zmodyfikowany przez Racovitzę (1907) i nadal jest powszechnie używany. W klasyfikacji tej gatunki podzielono na trzy grupy, ze względu na ich ekologiczną adaptację do środowiska podziemnego, wyrażoną przez morfologiczną i fizjologiczną specjalizację:

a) **troglokseny** to organizmy, które występują przypadkowo w jaskiniach przyciągane do nich zarówno przez wilgoć jak i substancje pokarmowe. Nigdy nie rozmnażają się w nich i nie wykazują specjalnego przystosowania. Najczęściej są spotykane przy wejściach do jaskiń.

b) **troglofile** występują stale w jaskiniach, ale mogą również żyć na zewnątrz. Są to bardzo charakterystyczne gatunki, posiadające często szereg adaptacji do życia w ciemności. Są pierwszymi organizmami kolonizującymi środowisko podziemne, dostarczającymi wielu danych o historii jaskiń.

c) **troglobionty** to grupa najbardziej wyspecjalizowanych zwierząt, które są całkowicie związane z jaskinią a na zewnątrz można je spotkać rzadko. Są one głównym obiektem badań biospeleologii.

System Schinera-Racovitzy przez wiele lat był punktem wyjścia do tworzenia nowych podziałów. W 2008 roku Sket dokonał przeglądu badań systematyzujących organizmy zasiedlające środowisko podziemne i zaproponował następującą klasyfikację ekologiczną:

a) **troglokseny** – gatunki występujące sporadycznie w jaskiniach i grotach,
nie posiadające podziemnej populacji,

b) **subtroglofile** – gatunki stale lub czasowo zasiedlające środowisko podziemne, ale ściśle związane z powierzchnią ze względu na biologiczne funkcje (cykl dobowy, sezonowy, karmienie, reprodukcja),

c) **eutroglofile** – zasadniczo „powierzchniowe" gatunki zdolne do utrzymania stałej podziemnej populacji, która może stać się troglobiontyczna,

d) **troglobionty** – gatunki silnie związane ze środowiskiem podziemnym.

Niektórzy autorzy wyróżniają jeszcze **akcydenty** czyli gatunki zewnętrzne, które do jaskiń dostały się przypadkowo, zawleczone tam przez człowieka czy inne zwierzęta (Baker 2007, Moseley 2007).

1.4. Adaptacja zwierząt do życia w jaskiniach i środowisku podziemnym

Odmienność budowy i zachowania zwierząt żyjących w jaskiniach i grotach była podkreślana już we wczesnych badaniach dotyczących pochodzenia i ewolucji organizmów zasiedlających jaskinie (Darwin 1859, Weismann 1886 za Romero 2009). Cechy te pozwoliły na zaklasyfikowanie ich do ekologicznej grupy troglobiontów. Gatunki te powstają w wyniku kolonizowania tego środowiska przez troglofile (Howarth 1981, Chapman 1982). Po zasiedleniu jaskini, tworzą one samodzielną populację w wyniku „reprodukcyjnej" izolacji i towarzyszącym jej zmianom genetycznym oraz doborowi naturalnemu (Barr 1968, Barr, Holsinger 1985). Przyczynia się też do tego wyginięcie populacji powierzchniowej (Howarth 1986). Morfologiczne przystosowania organizmów do życia w jaskiniach, zostały określone pod wspólnym pojęciem „troglomorfizmu" (Christiansen 1962) czy „troglobiomorfizmu" (Juberthie, Decu 1994). Powstają one głównie w wyniku redukcji cech posiadanych przez populacje żyjące poza jaskiniami (Wessel i in. 2007). Różne grupy systematyczne zwierząt wykształciły odmienny zestaw przystosowań zarówno morfologicznych, fizjologicznych jak i behawioralnych (Christiansen 1965). Wielu autorów podaje, że takimi przystosowaniami są w szczególności: jasne zabarwienie ciała, posiadanie wydłużonych wyrostków, zredukowana chitynizacja i smukłe ciało (Howarth 1983, Elliott 2007), ponadto utrzymywanie niższego tempa poziomu metabolicznego, zanik oczu a co za tym idzie, wytworzenie dodatkowych narządów sensorycznych (Koilraj, Marimuthu 1999, Romero 2009).

Badając roztocze zasiedlające jaskinie, a których naturalnym środowiskiem życia jest głęboka gleba, trudno określić cechy troglomorficzne (Ducarme i in. 2004b). Wiele cech, które są właściwe troglobiontom innych grup systematycznych jak np.: wydłużone ciało czy dechitynizacja, są charakterystyczne dla roztoczy glebowych (Coineau i in. 1978, Karg 1993). Badając roztocze z rodziny Rhagididae, Zacharda (1979) określił, że występujące razem cechy takie jak: dechitynizacja i depigmentacja ciała, redukcja lub supresja oczu, skrócenie wyrostków i szczecin czy trichobotriów są cechami euedafomorficznymi, natomiast: wydłużenie chelicer, pedipalp, odnóży, szczecin, trichobotriów oraz utrata pigmentu i redukcja pancerza to cechy troglomorficzne.

1.5. Przegląd badań fauny zasiedlającej środowisko podziemne

Badania prowadzono na całym świecie, najczęściej w rejonach krasowych o dużej obfitości jaskiń np. Ćurčić, Radović (1998) w Serbii, Sharratt i in. (2000) w Południowej Afryce, Ferreira, Horta, (2001) wBrazylii, Motočcc (2002) w Chorwacji, Culver i in. (2003) w USA, Ducarme i in. (2004b) w Belgii, Gerič i in. (2004) w Słowenii, Zagorodniuk (2004) na Ukrainie, Stone, Howarth (2005) na Hawajach, Kovač i in. (2006) na Słowacji, Moulds (2006) w Australii, Daohong (2007) w Chinach. Są to wybrane prace przeglądowe dotyczące środowiska jaskiniowego i zasiedlajacych je bezkręgowców i kręgowców.

Badania nad roztoczami jaskiń są nieliczne. Powodem tego są trudności taksonomiczne i metodyczne związane z poborem prób (Ducarme i in. 2003). W większości tych prac zamieszczono jedynie listę roztoczy zasiedlajacych jaskinie, nie zawsze oznaczonych do gatunku (Leruth 1939, Lundqvist i in. 1999, Fend'a, Košel 2000, Halliday 2001). Jedynie badania Ducarme i współautorów (2003, 2004a, 2004b) poszerzyły w znacznym stopniu wiedzę o roztoczach jaskiń, głównie w kontekście ewolucyjnym.

1.6. Badania w Polsce

Badania fauny zasiedlającej jaskinie były prowadzone na terenie Polski już od dawna. Do najstarszych należą prace Demela (1918) z jaskiń ojcowskich oraz Kowalskiego (1955) z jaskiń tatrzańskich. Przybliżają tę tematykę także m.in. badania Rafalskiego (1990) i Skalskiego (1990) prowadzone w jaskiniach ojcowskich.

Pomimo tego fauna roztoczy jaskiń Polski jest słabo poznana. Danych dostarczają badania Paxa, Maschkego (1935), Maschkego (1936), Willmana (1939, 1956) z jaskiń w Masywie Śnieżnika w Sudetach, Willmana (1936) z jaskini Radochowskiej w Sudetach czy Skalskiego (1967) ze Szczeliny Chochołowskiej w Tatrach. Nieliczne gatunki roztoczy wykazano również w badaniach na pojedynczych stanowiskach: np.: *Phaulodiaspis advena* (Trägårdh, 1992) w Ojcowskim PN (Dylewska, Błoszyk, 2006). Również prace Rafalskiego (1977) przyczyniły się do poznania roztoczy zasiedlających ojcowskie jaskinie. Na tym terenie prowadzili także badania Gwiazdowicz, Fabrowski (2001) jednak, pomimo pobierania prób w jaskiniach, nie podali oni gatunków tam znalezionych. Piśmiennictwo dotyczące występowania roztoczy Parasitidae w jaskiniach zebrane jest w monografii Micherdzińskiego (1969). Najnowsze badania struktury akarofauny jaskiniowej przedstawione są w pracach Maślak i Barczyk (2011) oraz Barczyk, Madej (2015).

1.7. Cele pracy

Jak wspomniano wcześniej, akarofauna jaskiń Polski nie jest poznana w wystarczającym stopniu a istniejące prace we fragmentaryczny sposób traktują ten temat. Dlatego uzasadnionym wydaje się podjęcie niniejszych badań mających na celu:

WSTĘP I CELE PRACY

- poznanie bogactwa gatunkowego roztoczy Gamasina w jaskiniach,
- porównanie fauny roztoczy w zależności od odległości od otworu jaskini (wpływ wilgotności, temperatury i światła),
- zbadanie zależności między zagęszczeniem i bogactwem gatunkowym roztoczy, a długością jaskiń,
- porównanie składu jakościowego roztoczy badanych mikrosiedlisk i jaskiń pochodzących z tego samego regionu krasowego,
- zbadanie zależności między zagęszczeniem i bogactwem gatunkowym roztoczy, a parametrami siedliskowymi,
- określenie udziału gatunków foretycznych w zgrupowaniach roztoczy jaskiń.

Celem badań jest również odpowiedź na pytania:

- czy morfologia jaskiń, różny stopień ich dostępności dla człowieka oraz ich otoczenie wpływają na bioróżnorodność w jaskini?
- czy możliwe jest współwystępowanie w jaskini konkurujących ze sobą gatunków roztoczy?

2. CHARAKTERYSTYKA TERENU BADAŃ

Próby pobrano w 8 jaskiniach znajdujących się na terenie Wyżyny Krakowsko- Częstochowskiej oraz na stanowiskach położonych w odległości ok. 1m od głównego otworu każdej jaskini.
Pięć jaskiń położonych jest w Jaroszowcu w gminie Klucze (Park Krajobrazowy Orlich Gniazd), dwie jaskinie w Rezerwacie „Sokole Góry", a jedna – w miejscowości Strzegowa w gminie Wolbrom.

Charakterystykę poszczególnych jaskiń pod względem długości, głębokości, ekspozycji otworu, rozwinięcia, a także częstotliwości zwiedzania zamieszczono w tab. 2.1.
Obszar objęty badaniami należy wg. Romera (1949) do krainy klimatycznej Śląsko- Krakowskiej, do typu klimatu Wyżyn Środkowych wyróżniającej się skróceniem pośrednich pór roku oraz zaznaczającymi się cechami kontynentalizmu. Oprócz napływającego polarno-morskiego powietrza, na obszarten docierają również masy powietrza zwrotnikowo-morskiego i powietrza arktycznego (Podgórska i in. 2008). Ze względu na swoje ukształtowanie, na terenie Wyżyny występują lokalne zróżnicowania temperatury między nasłonecznionymi stokami a zacienionymi dolinami. Długość okresu wegetacyjnego wynosi tu 200-210 dni. Średnia roczna temperatura wynosi 7,5°C, najcieplejszym miesiącem jest lipiec (średnia temperatura około 17°C),

najzimniejszym – styczeń (średnia temperatura około -3°C). Średnia roczna suma opadów to ok. 750 mm a czas zalegania pokrywy śnieżnej wynosi średnio 60-80 dni (Michalik 1974, Urbański 2008).

Przy wyborze jaskiń kierowano się kryterium zróżnicowanych warunków panujących w jaskiniach a będących wynikiem ich odmiennej budowy geologicznej.

Tab. 2.1. Charakterystyka stanowisk (Szelerowicz 1989, 1989a, b, c, Szelerowicz, Górny 1986, 1989)
[1.] pętro dolne, [2.] piętro górne

	Jaskinia Lodowa	Schronisko koło Jaskini Lodowej	Jaskinia poniżej Lodowej	Jaskinia Błotna	Jaskinia pod Porzeczką	Jaskinia Studnisko	Jaskinia Pod Sokolą Górą	Jaskinia Jasna
skrót dla jaskini	JLpd[1] / JLpg[2]	Sch	JPL	JBł	JpP	JSt	JSG	JJa
skrót	pJL	pSch	pJPL	pJBŁ	pJpP	pJSt	pJSG	pJJa
długość (m)	30,5	30,6	22	120	67	337	70	85
głębokość (m)	5,4	4,2	4,3	42	15	77,5	26	0
deniwelacja(m)	12,5	6	7,8	42	15	77,5	26	0
położenie (m npm.)	422	416	410	428	403.5; 410.3; 413,3	346	330	430
ekspozycja otworu	NW [1]/SW [2]	NE	W	E	NE, SW	W	S	NW
mikroklimat	statyczny zimny	mieszany	statyczny zimny	statyczny	mieszany	statyczny	statyczny zimny	dynamicz ny
budowa	szczelinowa	szczelinowa	szczelinowa	szczelinowo-krasowa	szczelinowa	krasowa	krasowa	krasowa
rozwinięcie	poziome	poziome	pionowe	pionowe	pionowe	pionowe	poziome	poziome
stopień trudności	łatwa	średnio trudna	średnio trudna	bardzo trudna	łatwa	bardzo trudna	łatwa	bardzo łatwa
częstotliwość zwiedzania	średnia	bardzo mała	bardzo mała	średnia	mała	bardzo duża	duża	duża

CHARAKTERYSTYKA TERENU BADAŃ

2.1. Jaskinia Lodowa w Jaroszowcu

Jaskinia Lodowa (50°20′44,82′′N, 19°35′44,00′′E) powstała w olbrzymiej rozpadlinie. Wejście stanowi otwór o ekspozycji północno-zachodniej. Korytarz tworzy pionowa szczelina o wysokości 16m o ścianach pochylonych pod kątem 75°oddalonych od siebie o 1m. Część jaskini pozbawiona jest stropu. Do tej części dociera światło słoneczne a dno pokryte jest rumoszem skalnym, opadłymi liśćmi i zalegającymi gałęziami. Dalszą część korytarza zamyka od góry naturalny okap skalny. Korytarz piętra dolnego wznosi się w górę po blokach skalnych i jest ślepo zakończony zawaliskiem. Dno tej części jaskini pokryte jest rumoszem skalnym i osadami jaskiniowymi. Taka budowa jaskini pozwoliła na wytworzenie się w tym miejscu, rzadkiego w jurajskich jaskiniach, klimatu statycznego zimnego (Szelerowicz 1989a). Powyżej okapu, 5m nad dnem, znajduje się krawędź górnego piętra utworzonego przez zaklinowane w szczelinie bloki skalne. Próżnia ta jest niewielka, dno jest równe i pokryte warstwą osadów pochodzącą z rozkładu szczątków roślinnych i opadłymi liśćmi. Z obu pięter jaskini pobrano łącznie65 prób. Plan jaskini z uwzględnieniem miejsc poboru prób przedstawiono na ryc. 2.1 a widok wejścia do piętra dolnego i górnego odpowiednio na ryc. 2.2 i 2.3.

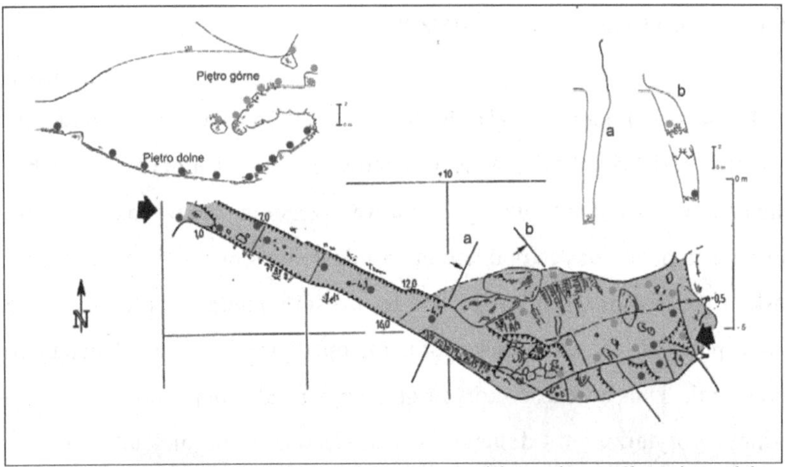

Ryc. 2.1. Plan Jaskini Lodowej. Kropkami zaznaczono miejsca poboru prób w piętrze dolnym i piętrze górnym (wg. Szelerowicza 1989a).

Ryc. 2.2. Jaskinia Lodowa w Jaroszowcu – wejście do piętra dolnego. *Fot.G.Barczyk.*

Ryc. 2.3 Jaskinia Lodowa w Jaroszowcu – wejście do piętra górnego. *Fot. G. Barczyk.*

2.2. Schronisko koło jaskini Lodowej

Położenie tej jaskini to: 50°20′44,93′′N, 19°35′44,15′′E. Ta niewielka próżnia składa się z dwóch korytarzy. Pierwszy, o długości 6m, zakończony jest zawaliskiem. Dno pokryte jest rumoszem skalnym oraz namuliskiem gliniastym i glebą. Drugi korytarz prowadzi pod nawisem skalnym, który powstał po zapadnięciu się stropu jaskini. Końcowa część tego korytarza nie została zniszczona przez zawalenie. W tej części dno pokryte jest namuliskiem piaszczysto-gliniastym. W niezniszczonych partiach, schronisko charakteryzuje się klimatem statycznym natomiast zapadlisko w całości podlega zmianom atmosferycznym (Szelerowicz 1989). Z tego stanowiska pobrano 35 prób. Plan jaskini przedstawiono na ryc. 2.4. Wejście do jaskini i korytarz wewnętrzny zaprezentowano na rycinach 2.5 i 2.6.

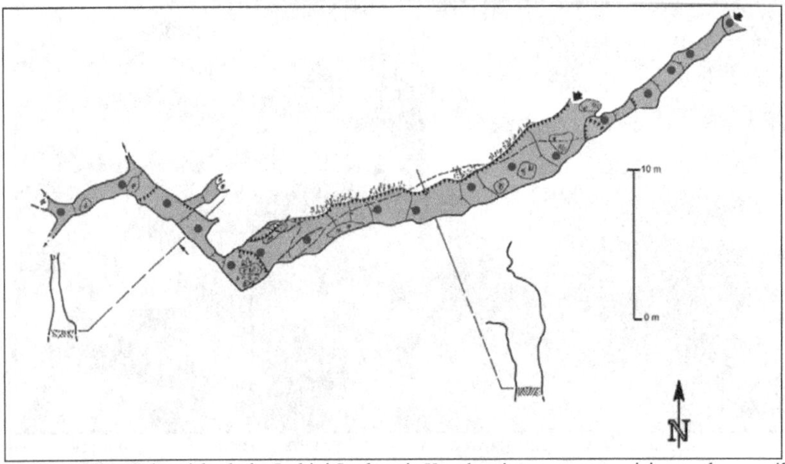

Ryc. 2.4. Plan Schroniska koło Jaskini Lodowej. Kropkami zaznaczono miejsca poboru prób (wg. Szelerowicza 1989).

Ryc. 2.5. Schronisko koło Jaskini Lodowej – wejście. *Fot. G.Barczyk.*

Ryc. 2.6. Schronisko koło Jaskini Lodowej – korytarz. *Fot. G. Barczyk.*

2.3. Jaskinia poniżej Lodowej

Położenie jaskini wyznaczają współrzędne: 50°20′40,86′′N, 19°35′39,98′′E. Próżnia ta powstała na wąskim pęknięciu. W części dostępnej z poziomu terenu jest ona obszerna. Na dolny poziom prowadzi wąska 4-metrowa studnia. Korytarz dolnego poziomu tworzy wąska szczelina długości 11m o stropie utworzonym z zaklinowanych bloków skalnych. W tej części dno jaskini pokrywa gleba z dużą zawartością kamieni. Dolne piętro charakteryzuje się mikroklimatem statycznym (Szelerowicz 1989b). Z obu poziomów pobrano łącznie 35 prób. Plan jaskini przedstawiono na ryc. 2.7 a widok wejścia na ryc. 2.8

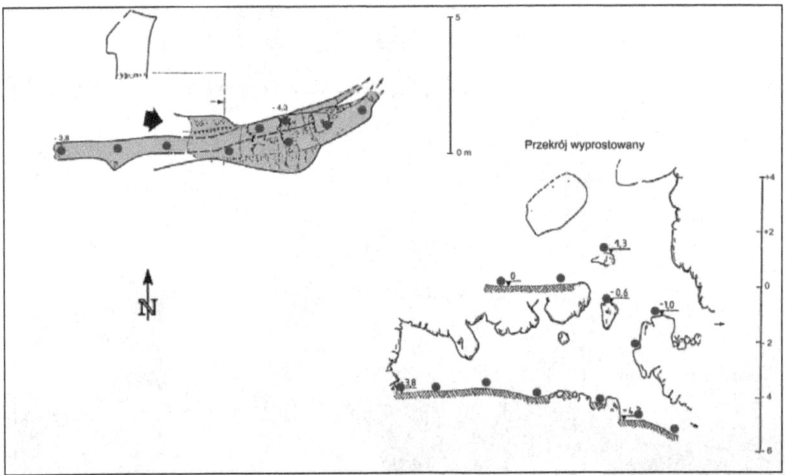

Rys.2.7. Plan Jaskini poniżej Lodowej. Kropkami zaznaczono miejsca poboru prób (wg. M. Szelerowicza 1989b).

Ryc. 2.8. Jaskinia poniżej Lodowej – wejście. *Fot. G. Braczyk.*

2.4. Jaskinia Błotna

Jaskinia Błotna położona jest na 50°20′45,54′′N, 19°35′56,12′′E. Znaczna część tej jaskini powstała na rozwartym pęknięciu. Szczelina ta doprowadza do dużej próżni, która powstała w silnie spękanych kompleksach skalnych. Kolejne, niższe poziomy są przestrzeniami pomiędzy zaklinowanymi blokami skalnymi. Z najniższej części zawaliska prowadzi w dół studnia powstała w szczelinie nie mającej związku ze szczeliną wejściową. O rozwoju sal i korytarzy, decydowały głównie ruchy tektoniczne, dopiero uformowana w ich wyniku próżnia była modelowana przez procesy krasowe. Jaskinia charakteryzuje się dobrze zachowaną, białą szatą naciekową. Na dnie jaskini zalega gruz skalny i osady piaszczysto-gliniaste z fragmentami połamanych nacieków starszej generacji oraz kuliste konkrecje piasku scementowanego kalcytem. W niektórych partiach dno pokryte jest polewą powstałą ze stwardniałego mleka wapiennego, która w niektórych miejscach osiąga grubość kilkunastu centymetrów. Próżnię tę cechuje mikroklimat dynamiczny (Szelerowicz, Górny 1998). Z jaskini tej pobrano 35 prób. Plan jaskini przedstawia ryc. 2.9, widok wejścia ryc. 2.10 i wnętrza ryc. 2.11.

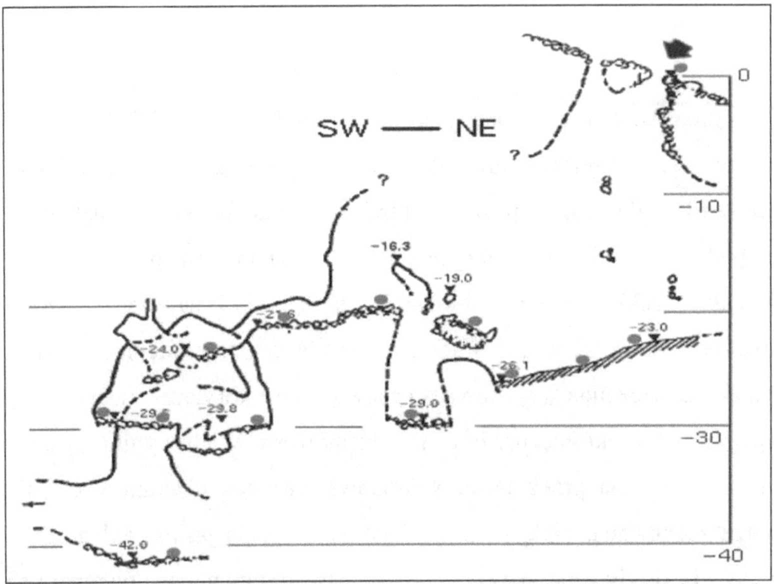

Ryc. 2.09. Plan Jaskini Błotnej- przekrój zrzutowany. Kropkami zaznaczono miejsca poboru prób (wg. M. Szelerowicza, Górnego 1989).

Ryc. 2.10. Jaskinia Błotna – wejście. *Fot. G.Barczyk.*

Ryc. 2.11. Jaskinia Błotna – szata naciekowa wewnątrz jaskini. *Fot. L.Barczyk.*

2.5. Jaskinia pod Porzeczką

Położenie tej jaskini wyznaczają współrzędne: 50°20′53,36′′N, 19°36′04,78′′E. Rozwinięta jest ona na głębokiej (do15m) i wąskiej (0,6-1m) szczelinie. Strop jaskini oraz jej dno utworzyły zaklinowane bloki skalne. O obecnym kształcie jaskini decydowały ruchy tektoniczne (Szelerowicz 1989c). Jaskinia posiada dwa piętra oraz 7 główniejszych otworów. Wejście do jaskini możliwe jest przez trzy z nich. Ze względu na ich obecność, do wielu partii jaskini dociera światło dzienne. Mikroklimat jest statyczny tylko w dolnych partiach dolnego piętra. Pozostała część próżni charakteryzuje się mikroklimatem dynamicznym. Na dnie znajduje się gruz skalny, osady gliniaste i gleba. Wiele miejsc przykrytych jest przez opadłe liście. Z obu pięter jaskini pobrano łącznie 35 prób. Plan jaskini przedstawiono na ryc. 2.12. Ryc. 2.13 przedstawia widok otworu głównego, a ryc. 2.14 – drugiego dużego otworu jaskini.

Teren badań, na którym znajdują się omówione wcześniej stanowiska, pokrywają lasy liściaste należące do następujących zbiorowisk: *Luzulo pilosae-Fagetum* – kwaśna buczyna niżowa, *Dentario enneaphylli-Fagetum* – żyzna buczyna sudecka, *Phyllitido-Aceretum* – jaworzyna z języcznikiem zwyczajnym (*Phyllitis scolopendrium*) oraz *Fagus sylvatica-Cruciata glabra* – ciepłolubna buczyna małopolska (Matuszkiewicz 2001).

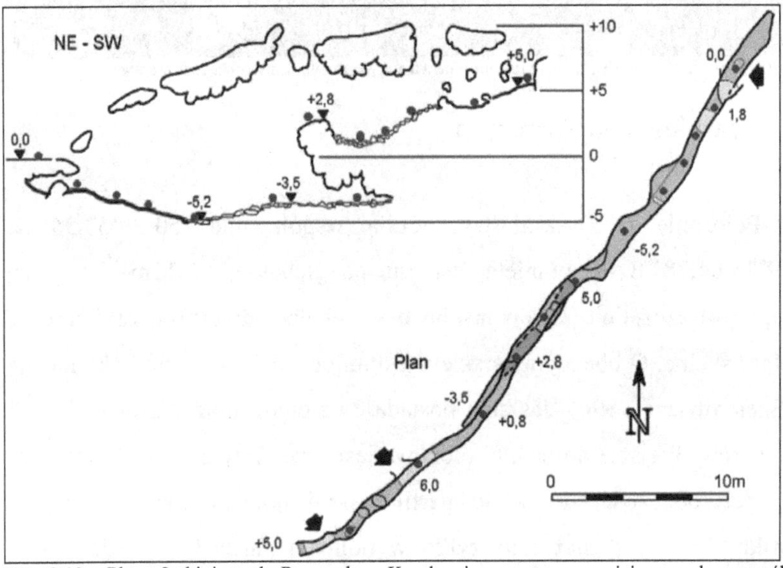

Ryc. 2.12. Plan Jaskini pod Porzeczką. Kropkami zaznaczono miejsca poboru prób (wg. Szelerowicza1989c).

Ryc. 2.13. Jaskinia pod Porzeczką –otwór główny. *Fot. G. Barczyk.*

Ryc. 2.14. Jaskinia pod Porzeczką – drugi otwór. *Fot. G. Barczyk.*

2.6. Jaskinia Studnisko

Jaskinia Studnisko znajduje się w Rezerwacie „Sokole Góry" w Olsztynie koło Częstochowy (50°43′43,55′′N, 19°16′14,99′′E). Jest to jedna z największych krasowych komór na obszarze Wyżyny Krakowsko-Wieluńskiej (Szelerowicz, Górny 1986). Próżnia ta posiada tylko jeden otwór, który przez krótki kominek prowadzi do Komory Wejściowej. Dno tej części jaskini pokrywa namulisko piaszczysto-gliniaste z widoczną brekcją kostną. W wyniku występowania w tej jaskini kolonii nietoperzy (Postawa, Zygmunt 2000), w niektórych miejscach próżni gromadzi się guano. W Komorze Wejściowej znajdują się również pozostałości po drewnianych konstrukcjach szpatowców zpoczątku XXw. Kontynuacją próżni są kolejne sale. Największą z nich jest Sala Zawaliskowa, której dno pokryte jest blokami skalnymi i, znajdującym się pomiędzy nimi, namuliskiem gliniasto- piaszczystym. Mikroklimat jaskini jest statyczny. Z jaskini tej pobrano 41 prób. Lokalizację miejsc poboru prób oraz plan jaskini przedstawiono na rycinie 2.15. Wejście główne oraz widok wnętrza jaskini przedstawiają ryciny 2.16 i 2.17.

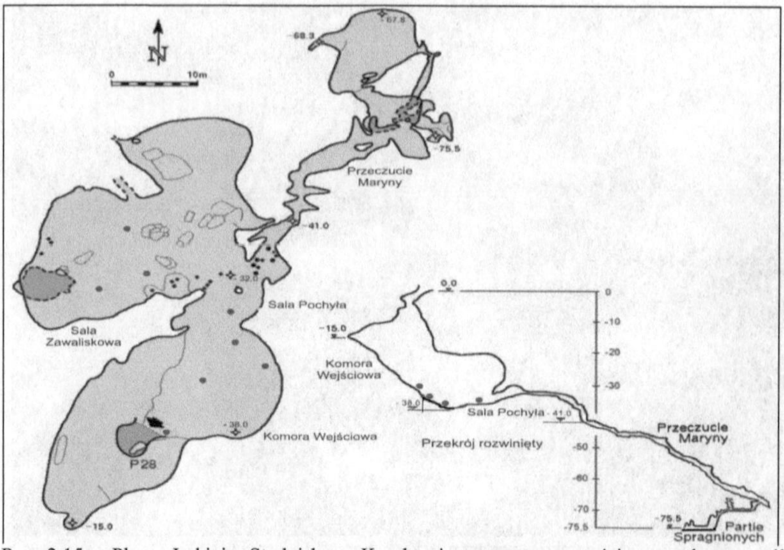

Ryc. 2.15. Plan Jaskini Studnisko. Kropkami zaznaczono miejsca poboru prób (wg. Zygmunta, Miklas 1985, za Szelerowicz, Górny 1986).

Ryc. 2.16. Jaskinia Studnisko – wejście. *Fot. G. Barczyk.*

Ryc. 2.17. Jaskinia Studnisko – wnętrze jaskini. *Fot. A. Dobrzański.*

2.7. Jaskinia pod Sokolą Górą

Podobnie jak Jaskinia Studnisko, próżnia ta położona jest w Sokolich Górach (50°43′44,69′′N, 19°16′14,99′′E). Obydwie jaskinie znajdują się w tym samym masywie skalnym, nie posiadają jednak połączenia. Jaskinia Pod Sokolą Górą znana jest też pod nazwami: Jaskinia Zimna, Pochyła, Krowia, Głęboka (Ochman, Wołoszyn 2000). Do próżni prowadzi duży otwór znajdujący się 11m poniżej powierzchni terenu. Jaskinia ma charakter tunelu przechodzącego w obszerną salę. Dno opadające od otworu, wznosi się w końcowej części jaskini. Taka budowa, stwarza warunki do zalegania zimnych mas powietrza. Jest to jedna z niewielu znanych na Wyżynie jaskiń o mikroklimacie termicznie przypominającym warunki arktyczne (Szelerowicz, Górny 1986). Dno próżni pokryte jest rumoszem skalnym oraz większymi blokami skalnymi, pomiędzy którymi zalegają liczne szczątki kostne wymieszane z namuliskiem. Podobnie jak w Jaskini Studnisko, w próżni tej prowadzono badania nietoperzy (Ochmann, Wołoszyn 2000, Postawa, Zygmunt 2000) a Szymczakowski (1957) badał występujące tam Coleoptera.

Z jaskini pobrano 35 prób, a plan jaskini z zaznaczonymi miejscami poboru przedstawiono na ryc. 2.18. Widok wejścia i wnętrza próżni to ryciny: 2.19 i 2.20.

Teren Rezerwatu w obrębie, którego pobierano próby, porośnięty jest przez las bukowy zakwalifikowany do związku *Luzulo-Fagenion* – kwaśna buczyna (Matuszkiewicz 2001).

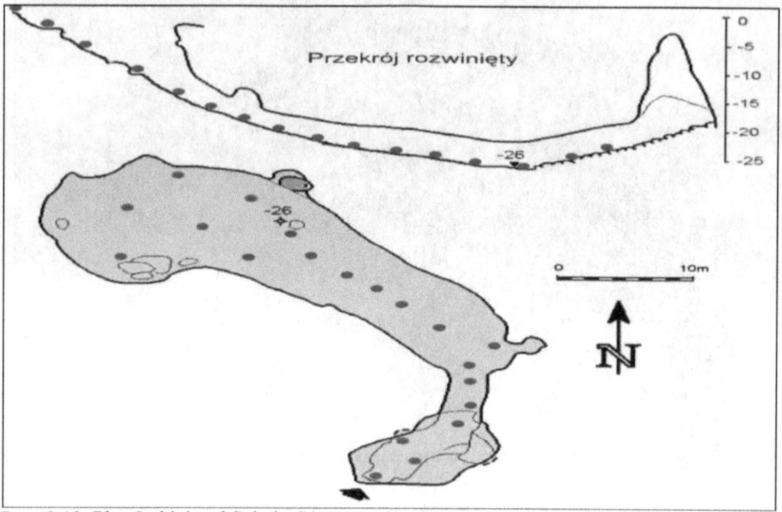

Ryc. 2.18. Plan Jaskini pod Sokolą Górą. Kropkami zaznaczono miejsca poboru prób (wg. Szelerowicza, Górnego, 1986).

Ryc. 2.19. Jaskinia pod Sokolą Górą – wejście. *Fot. G. Barczyk.*

Ryc. 2.20. Jaskinia pod Sokolą Górą – wnętrze jaskini. *Fot. G. Barczyk.*

2.8. Jaskinia Jasna

Jaskinia Jasna w Strzegowej (50°24′55,14′′N, 19°41′29,28′′E) jest utworzona z dwóch próżni połączonych ze sobą korytarzem. Jaskinia w znacznej części jest oświetlona światłem dziennym. Dno jaskini pokryte jest osadami piaszczystymi i glebą. W jaskini były prowadzone badania archeologiczne w latach 1947-1949 w wyniku których całkowitemu przekopaniu uległo namulisko (Szelerowicz, Górny 1986). Osady te uległy dalszej degradacji w wyniku pożaru, który miał miejsce w jaskini w 2005r. Mikroklimat panujący w znacznej części jaskini podlega wpływom zewnętrznych zmian atmosferycznych. Z tego stanowiska pobrano 35 prób. Plan jaskini przedstawia ryc. 2.21. Widok wejścia i wewnętrznego korytarza przedstawiono na rycinach: 2.22 i 2.23. Jaskinia Jasna otoczona jest zadrzewieniami śródpolnymi o charakterze zbiorowiska *Pruno-Crataegetum* znajdującymi się we wczesnym etapie sukcesji w kierunku lasu bukowego (Matuszkiewicz 2001).

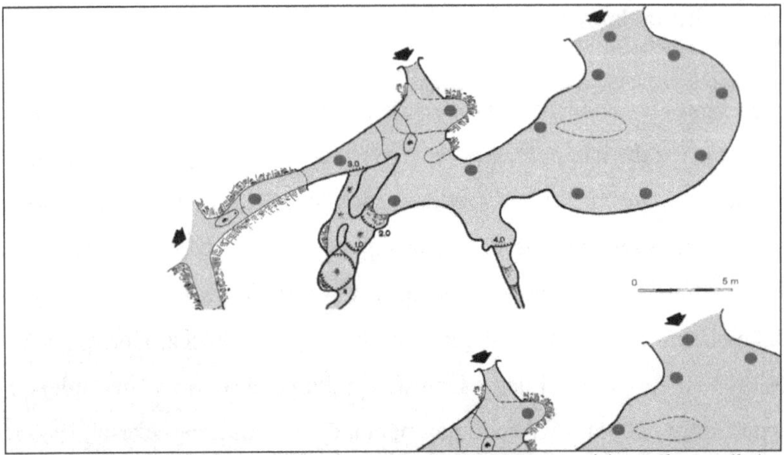

Ryc. 2.21. Plan Jaskini Jasnej w Strzegowej. Kropkami zaznaczono miejsca poboru prób (wg. Szelerowicza, Górnego 1986).

Ryc. 2.22. Jaskinia Jasna w Strzegowej – wejście. *Fot. G. Barczyk.*

Ryc. 2.23. Jaskinia Jasna w Strzegowej – korytarz. *Fot. G. Barczyk.*

Na pobieranie prób z jaskiń uzyskano pozwolenia: nr ŚR. VII/1/66301-210/12/07 z dnia 03.10.2007r. wydane przez Wojewodę Śląskiego, RDOŚ-24-PN/66301/63/12/09/MS z dnia 22.07.2009r. wydane przez Regionalnego Dyrektora Ochrony Środowiska w Katowicach oraz opinię nr. R.V.TC.6639-2-164-07 z dnia 18.04.2008r. wydaną przez Małopolski Urząd Wojewódzki w Krakowie.

3. MATERIAŁ I METODY

3.1. Metody pobierania prób

Dane uzyskano z 586 prób w tym: 316 pobrano w jaskiniach i 270 z ich otoczenia. Otoczenie jaskiń oznacza miejsca poboru prób w odległości ok. 1 metra od głównego otworu każdej jaskini. Dla tych stanowisk w pracy użyto również pojęć: stanowiska zewnętrzne lub stanowiska powierzchniowe. Próby pobierano od 23.05.2007r. do 27.09.2009r.

Z wielu względów pobieranie prób w jaskiniach jest bardzo utrudnione (Schneider, Culver 2004). Ponieważ w niektórych miejscach warstwa osadów jaskiniowych nie przekraczała 2 cm grubości, niemożliwe było pobieranie prób przy użyciu pobieraka. Zbioru dokonano ręcznie, starając się aby objętość prób była jednakowa (ok. 400cm^3). Dla celów porównawczych, taką samą metodę zastosowano do poboru prób ze stanowisk zewnętrznych. W jaskiniach próby pozyskano z następujących mikrosiedlisk:

- ściółka, dla której zastosowano w analizie skrót: ść,
- humus, warstwa położona bezpośrednio pod ściółką, oznaczona skrótem: h,
- warstwa mineralna, położona bezpośrednio pod humusem, oznaczona skrótem: mi,

- gleba, znajdująca się w zagłębieniach i otworach skalnych, oznaczona skrótem: gl,
- mech, występujący tylko w strefie wejściowej, oznaczony skrótem: me,
- drewno, zalegajace na dnie jaskiń, oznaczone skrótem: d,
- kości kręgowców, które oznaczono skrótem: k,
- guano, oznaczone skrótem: gu,
- namulisko czyli osady jaskiniowe, oznaczone skrótem: n.

Ze stanowisk zewnętrznych pobrano próby ze ściółki, humusu, warstwy mineralnej, gleby, drewna i mchu ze skał. Dla tych mikrosiedlisk również zastosowano przedstawione wyżej skróty. W analizach porównawczych do skrótów dołączono dodatkowe oznaczenia: J – oznaczające mikrosiedliska z jaskiń oraz pJ –mikrosiedliska znajdujące się w otoczeniu jaskiń.

Próby pobierane były w jaskiniach w ograniczonej liczbie, w celu uniknięcia uszczuplenia wielkości populacji bezkręgowców.

3.2. Ekstrakcja i oznaczanie roztoczy

Do wypłaszania roztoczy zastosowano metodę Berlese-Tullgrena. Jest ona powszechnie stosowaną i najbardziej wydajną metodą (André i in. 2002) i może być wykorzystana do pozyskania mikrostawonogów z prób pobranych w jaskiniach (Ducarme i in. 2003). Uzyskany w ten sposób materiał został zakonserwowany w 75% alkoholu etylowym. Następnie, roztocze zaklasyfikowano do poszczególnych rzędów. Z roztoczy Gamasina sporządzono preparaty utrwalone w płynie Fourèa a, w następnej kolejności, oznaczono je do gatunku przy pomocy monografii Micherdzińskiego (1969) oraz kluczy Błaszaka (1974), Giljarova (1977), Hyatt (1980), Ščerbakovej (1980), Hirschmanna, Wiśniewskiego (1982a, b), Dielmann (1991), Karga (1993), Mašána, Fend'y (2004), Mašána (2007), Gwiazdowicza (2007). Wykaz gatunków sporządzono zgodnie z nazewnictwem Błaszaka, Madej (1997) oraz Mašána (2007) i według kolejności systematycznej przyjętej za Lindquistem i in. (2009).

3.3. Parametry siedliskowe

Dla każdej jaskini oraz stanowisk zewnętrznych określono wartości parametrów fizyko-chemicznych. Wyniki te przedstawiono w tabeli 3.1.

Tab. 3.1. Parametry fizyko-chemiczne badanych stanowisk.

	JLpd	JLpg	**pJL**	JPL	**pJPL**	Sch	**pSch**	JpP	**pJpP**	JBł	**pJBł**	JJa	**pJJa**	JSt	**pJSt**	JSG	**pJSG**
pH (H2O)	7,47	7,09	**6,48**	7,42	**7,52**	7,41	**6,52**	7,32	**6,21**	7,21	**6,64**	7,33	**6,87**	7,25	**6,28**	6,15	**6,28**
pH (KCl)	7,36	6,82	**6,37**	7,05	**6,35**	7,25	**6,44**	7,11	**5,88**	7,15	**6,49**	7,26	**6,86**	7,29	**6,41**	6,16	**6,41**
$C_{całk.}$ (%)	6,1	22,8	**20,73**	14,3	**25,18**	4,54	**29,63**	6,35	**29,45**	6,02	**10,9**	6,16	**6,16**	5,42	**13,99**	10,11	**13,99**
$C_{org.}$ (%)	6,03	22,36	**20,14**	10,5	**22,75**	2,95	**27,95**	4,53	**26,03**	2,05	**10,1**	3,49	**7,36**	2,76	**7,4**	9,12	**7,4**
$N_{całk.}$ (%)	0,52	1,37	**1,33**	1,1	**1,47**	0,33	**1,83**	0,45	**1,62**	0,2	**0,97**	0,14	**0,36**	0,16	**0,5**	1,09	**0,5**
P (mg/100g)	2,07	1,98	**1,13**	2,03	**1,36**	1,54	**1,99**	1,97	**0,61**	1,74	**1,2**	1,33	**1,56**	0,73	**1,54**	2,17	**1,54**
Mg (mg/100g)	15,6	176,9	**32,4**	12,6	**20,56**	9,04	**54,56**	7,08	**31,92**	4,96	**32,8**	5,79	**10,52**	5,62	**14,72**	7	**14,72**
Na (mg/100g)	2,36	2,2	**2,56**	2,44	**2,12**	1,72	**2,36**	1,36	**2,12**	1,3	**1,24**	2,31	**1,24**	1,92	**2,28**	3,08	**2,28**
K (mg/100g)	8,88	18,16	**20,48**	4	**22,28**	11,04	**26,76**	3,88	**12,44**	8,54	**12,5**	18,51	**18,6**	10,6	**10,44**	12,04	**10,44**
Ca (mg/100g)	3361	2672	**2576**	1930	**2135**	2327	**2637**	2446	**1601**	2116	**904**	2353	**1853**	2722	**2318**	2981	**2318**
CaCO3 (%)	9,6	64,7	**4,5**	3,4	**1,8**	9,7	**23,8**	31,2	**6**	17,8	**55**	19,47	**4,8**	36,4	**29,9**	11,9	**29,9**
Granulometria (%) >1,0	0,25	0,24	**0,2**	0,57	**0,32**	0,3	**0,21**	0,72	**0,5**	0,25	**0,2**	0,54	**0,63**	0,87	**0,19**	0,6	**0,19**
1,0-0,75	0,12	0,14	**0,07**	0,06	**0,06**	0,13	**0,08**	0,04	**0,09**	0,13	**0,06**	0,06	**0,07**	0,03	**0,08**	0,06	**0,08**
0,75-0,5	0,15	0,17	**0,17**	0,1	**0,2**	0,12	**0,19**	0,06	**0,11**	0,14	**0,14**	0,12	**0,09**	0,03	**0,15**	0,09	**0,15**
0,5-0,3	0,13	0,11	**0,12**	0,08	**0,12**	0,08	**0,13**	0,04	**0,06**	0,14	**0,17**	0,07	**0,05**	0,02	**0,15**	0,05	**0,15**
0,3-0,2	0,15	0,12	**0,16**	0,09	**0,11**	0,14	**0,12**	0,06	**0,07**	0,14	**0,16**	0,06	**0,06**	0,02	**0,13**	0,07	**0,13**
0,2-0,1	0,15	0,14	**0,21**	0,08	**0,15**	0,17	**0,2**	0,07	**0,14**	0,16	**0,23**	0,09	**0,08**	0,03	**0,22**	0,1	**0,22**
<0,1	0,06	0,09	**0,07**	0,02	**0,05**	0,06	**0,06**	0,02	**0,04**	0,04	**0,04**	0,05	**0,02**	0,02	**0,08**	0,02	**0,08**
Temperatura (ºC)	9,2	12,5	**14**	10,2	**13,5**	9,8	**13**	10	**13,5**	7	**13**	14,24	**15,4**	8,5	**20**	6	**20**
Wilgotność powietrza (%)	96	68	**64**	96	**45**	96	**76**	96	**54**	100	**47**	70	**61**	100	**57**	100	**57**
Wilgotność wagowa (%)	93,64	92,9	**87,44**	76,7	**66,06**	80,23	**69,24**	76,7	**36,05**	183	**22,9**	17,6	**23,82**	30,2	**13,18**	48,95	**13,18**

3.4. Ocena reprezentatywności zebranego materiału

Aby ocenić czy liczba zebranych prób jest wystarczająca i czy uzyskany materiał jest reprezentatywny, dla każdego stanowiska wykreślono krzywą akumulacji (Species Accumulation Curve). Asymptota krzywej oznacza, że zebrano wystarczającą liczbę prób, a wykazana liczba gatunków jest równa lub zbliżona do liczby gatunków żyjących w danym środowisku. Jeżeli przebieg krzywej akumulacji gatunków wykazuje tendencję wzrostową, oznacza to, że lista wykazanych gatunków nie jest ostateczna (Seaby, Henderson 2006).

Określenie teoretycznej liczby gatunków lub, innymi słowy, oszacowanie rozmiaru populacji jest możliwe przy użyciu nieparametrycznych technik i estymatorów bogactwa gatunkowego. Metody te opisano w pracach Chao (1984, 1987), Chao, Lee (1992) oraz Lee, Chao (1994). W niniejszej pracy, teoretyczną liczbę gatunków określono przy użyciu estymatora Chao Quantitative (Chao,1984):

$$S_{max} = S_{obs} + \left(\frac{a^2}{2b}\right)$$

gdzie:

S_{max} – oczekiwana liczba gatunków

S_{obs} – aktualna liczba gatunków w próbie

a – gatunki reprezentowane przez jednego osobnika

b – gatunki reprezentowane przez dwa osobniki

Krzywą akumulacji oraz wskaźnik Chao Quantitative wyznaczono przy pomocy programu SPECIES DIVERSITY AND RICHNESS 4.0 (Seaby, Henderson 2006).

3.5. Analiza zoocenologiczna zgrupowań

Dla wszystkich analiz przyjęto poziom istotności statystycznej $\alpha=0,05$ (Stanisz 1998).

3.5.1. Liczebność i zagęszczenie osobników

Zagęszczenie roztoczy obliczono dla stanowisk i mikrosiedlisk wyróżnionych w jaskiniach i w ich otoczeniu Ze względu na małą liczebność (27 osobników) roztoczy Gamasina w Jaskini Błotnej, stanowisko to wyłączono z analiz.

3.5.1.1. Porównanie zagęszczeń osobników w mikrosiedliskach

Do porównania zagęszczeń roztoczy w wyróżnionych mikrosiedliskach badanych stanowisk, zastosowano jednoczynnikową analizę wariancji ANOVA.
Podstawowymi założeniami tego testu, są m.in.: normalność rozkładu zmiennej i jednorodność wariancji (Stanisz 1998, Łomnicki 2006).

Do weryfikacji hipotezy o normalności rozkładu badanej cechy z rozkładem normalnym zastosowano test Shapiro-Wilka. Założenie jednorodności wariancji sprawdzono testem F i testem Levene'a. Jako test post hoc zastosowano test Tukeya.

Zagęszczenia osobników w jaskiniach i na stanowiskach zewnętrznych, porównano przy pomocy testów ANOVA rang Kruskala-Wallisa i Manna-Whitney'a jako testu post-hoc.

Obliczenia wykonano w programie statystycznym PAST (PAleontological STatistics version 2.1) (Hammer i in. 2001) i STATISTICA 9.1.

3.5.2. Bogactwo i różnorodność gatunkowa

3.5.2.1. Wskaźniki różnorodności gatunkowej

Najpopularniejszymi miarami różnorodności gatunkowej są tzw. bogactwo gatunkowe wyrażane jako liczba gatunków w zgrupowaniu lub próbie reprezentującej zgrupowanie oraz różnorodność wyrażona jako wskaźnik uwzględniający oprócz liczby gatunków ich udział w biocenozie. Dla każdego stanowiska określono liczbę gatunków. Wartość tę w jaskiniach porównano z ilością gatunków znalezionych na stanowiskach przed jaskiniami.

Do oceny różnorodności gatunkowej zastosowano wskaźnik Shannona H'. Wskaźnik ten jest definiowany jako ujemna suma iloczynu prawdopodobieństwa znaczenia kolejnego gatunku w zbiorze i logarytmu tego prawdopodobieństwa. Ma on zastosowanie głównie dla prób pobieranych losowo z dużego zgrupowania gatunków. Wartość wskaźnika obliczono przy pomocy programu SPECIES DIVERSITY AND RICHNESS 4.0 (Seaby, Henderson 2006), w którym zastosowany jest wzór:

$$H' = -\sum_{i=1}^{\infty} p_i log p_i$$

gdzie:

p_i – prawdopodobieństwo, że losowo wybrany osobnik reprezentuje gatunek i:

$$p_i = \frac{n_i}{N}$$

gdzie:

n_i – współczynnik znaczenia (ilościowości) danego gatunku,

N – suma współczynników znaczenia (ilościowości) wszystkich gatunków.

Przy pomocy powyższego programu, policzono również wskaźnik różnorodności potencjalnej H_{max}, który oznacza maksymalną wartość wskaźnika Shannona dla danego zbioru danych i jest obliczany według wzoru:

$$H_{max} = \frac{H'}{lnS}$$

gdzie S jest całkowitą liczbą gatunków.

Wskaźniki te obliczono, dla stanowisk, mikrosiedlisk oraz dla poszczególnych miejsc poboru prób w jaskiniach w celu sprawdzenia korelacji między różnorodnością a odległością od głównego otworu jaskini. W celu porównania bogactwa gatunkowego i różnorodności gatunkowej Shannona H' zgrupowań roztoczy jaskiń i stanowisk zewnętrznych oraz wyróżnionych w nich mikrosiedlisk i uzyskania odpowiedzi, czy obserwowane różnice są istotne statystycznie, zastosowano modele zerowe („null models") oparte na metodzie Monte Carlo i pozwalające na uzyskanie wyników w postaci krzywych rarefakcji (rozrzedzenia). Próbki poddane rarefakcji są porównywalne, gdyż pobierane podróbki zawierają identyczną liczbę osobników. Modele zerowe są oparte na randomizacji danych ekologicznych lub losowo pobranych prób ze znanych lub teoretycznych rozkładów. Randomizacja jest wykorzystywana do tworzenia modelu, który można by było uzyskać w przypadku braku określonego ekologicznego mechanizmu (Gottelli, Graves 1996). Ponadto, taka procedura pozwala określić niebiologiczne efekty związane z wpływem wielkości próbki na wartości bogactwa gatunkowego i różnorodności (Błędzki 2007). Zastosowanie randomizacji Monte Carlo w przypadku różnorodności gatunkowej 100-krotnej, pozwala na porównanie dwóch lub więcej prób i na określenie oczekiwanej liczby gatunków jaką można by znaleźć w większej próbie, jeżeli pobierze się z niej tylko tyle osobników ile stwierdzono w małej próbie. Jest to szczególnie ważne w takich ekosystemach jak jaskinie, gdzie pobrane są niekompletne próby. Do tych obliczeń zastosowano program ECOSIM 7.72 (Gotelli, Entsminger 2006).

3.5.2.2. Wskaźnik równocenności (równomierności) Pielou

Sposób rozmieszczenia gatunków w badanych zgrupowaniach oceniono za pomocą wskaźnika równocenności, który zdefiniowano jako stosunek różnorodności obserwowanej do maksymalnej przy danej liczbie gatunków *S* (Pielou 1969, 1975):

$$e = \frac{H'}{H_{max}}$$

3.5.2.3. Rozkład bogactwa gatunkowego

Rozkład bogactwa gatunkowego przedstawiany jest graficznie w postaci krzywej znaczenia gatunków tzw. RAD (rank-abundance diagram). W celu wyznaczenia krzywej na osi X zaznacza się rangi liczebności: najliczniejszy gatunek uzyskuje rangę 1, drugi, mniej liczny od poprzedniego, rangę 2 itd. Na osi Y zaznacza się względną liczebność (relative abundance) przedstawioną zazwyczaj w skali logarytmicznej (Magurran 2004, McGill i in. 2007).

Krzywe znaczenia gatunku wyznaczono przy pomocy programu SPECIES DIVERSITY AND RICHNESS 4.0 (Seaby, Henderson 2006) .

3.5.2.4. Korelacja między wielkością wskaźników różnorodności a położeniem stanowisk

Korelację między wielkością wskaźników różnorodności gatunkowej Shannona H' i różnorodności potencjalnej H_{max} a odległością miejsc, z których pobierano próby, zanalizowano dla 8 jaskiń z wyłączeniem piętra górnego Jaskini Lodowej, którego kształt nie pozwalał na pobieranie prób w transekcie liniowym. Siłę korelacji oszacowano przy pomocy współczynnika korelacji rang Spearmana (Łomnicki 2006).

3.5.2.5. Korelacja między zagęszczeniem i bogactwem gatunkowym roztoczy a wielkością jaskiń

Na wielkość jaskini wpływają jej długość i głębokość. Większość jaskiń jest jednak morfologicznie zróżnicowana. Aby określić w jaki sposób parametry przestrzenne wpływają na różnorodność i zagęszczenie roztoczy, do badań wybrano jaskinie różniące się pod względem długości, głębokości i deniwelacji. Zbadano korelację między zagęszczeniem, wskaźnikiem różnorodności gatunkowej H' i liczbą gatunków, a długością, głębokością i deniwelacją jaskiń. Siłę związku pomiędzy tymi zmiennymi zbadano przy pomocy korelacji rang Spearmana (Łomnicki 2006).Obie analizy korelacji wykonano w programie STATISTICA 9.1.

3.5.3. Struktura dominacji zgrupowań

Wartość współczynnika dominacji (*D*) obliczono ze wzoru:

$$D = \frac{n_i}{N} \times 100\%$$

gdzie:

D – współczynnik dominacji,

n_i – liczebność danego gatunku w próbie *i*,

N – liczebność całkowita.

Strukturę dominacji zgrupowań roztoczy przedstawiono według podziału zaproponowanego przez Górnego, Grüm'a (1981), w którym wyróżniono następujące klasy dominacji:

D_6: > 30% – superdominanty

D_5: 10,1-30,0% – eudominanty

D_4: 5,1- 10,0% – dominanty

D_3: 2,1- 5,0% – subdominanty

D_2:1,1- 2,0% – recedenty

D_1: <1,0% – subrecedenty

Stopień identyczności stosunków dominacyjnych w dwóch zgrupowaniach roztoczy, oceniono przy pomocy liczby Renkonena (*Re*):

$$Re = \sum D_{min}$$

gdzie:

$\sum D_{min}$ – suma najmniejszych wartości współczynnika dominacji (D) (Trojan,1975).

3.5.4. Struktura zgrupowań na podstawie wskaźnika stałości

Stałość występowania (*C*) poszczególnych gatunków w obrębie badanej biocenozy została obliczona ze wzoru:

$$C = \frac{n_i}{N} \times 100\%$$

gdzie:

C – współczynnik stałości,

n_i – liczba prób zawierająca gatunek *i*,

N – liczba prób w badanej serii.

Do określenia stopnia związania gatunku z biocenozą przyjęto skalę zaproponowaną przez Trojana (1975) w której wyróżniono następujące klasy:

C_4: 75, 1 – 100% – eukonstanty

C_3: 50,1 – 75,0% – konstanty

C_2: 25,1 – 50,0% – gatunki akcesoryczne

C_1: 0 – 25,0% – akcydenty

Podobieństwo stałości w dwóch badanych zespołach określono przy użyciu wartości liczby Kulczyńskiego (*Ku*) określanej ze wzoru:

$$Ku = 100\frac{\frac{c}{a}+\frac{c}{b}}{2}$$

gdzie:

- a- suma wartości współczynników stałości (C) w pierwszym zgrupowaniu,
- b- suma wartości współczynników stałości (C) w drugim zgrupowaniu,
- c- suma wartości minimalnych współczynników stałości dla gatunków wspólnych dla obu zgrupowań (Trojan 1975).

Dominację i stałość występowania oraz wskaźniki: Renkonena i Kulczyńskiego obliczono z wykorzystaniem funkcji zawartych w arkuszu kalkulacyjnym EXCEL 2007 (Microsoft Corporation 2007). Graficznie wyniki tych i pozostałych analiz przedstawiono wykorzystując funkcje programów MS OFFICE (Microsoft Corporation 2007) i COREL PHOTO- PAINT x4 (Corel Corporation 2008).

3.6. Klasyfikacja hierarchiczna

Metody hierarchiczne należą do zbioru procedur klasyfikacji numerycznej. Ich celem, w badaniach ekologicznych, jest pogrupowanie prób w klasy na podstawie ich atrybutów np. składu gatunkowego. W klasyfikacji tej stosuje się techniki kumulujące (aglomeracyjne) i dzielące (Piernik 2008).

3.6.1. Klasyfikacja hierarchiczna kumulująca

Techniki kumulujące pozwalają na uporządkowanie zbioru danych w oparciu o podobieństwo pomiędzy poszczególnymi obiektami. Metody te należą do najbardziej popularnych metod klasyfikacji stosowanych w ekologii. Ich pierwszym etapem jest obliczenie macierzy podobieństw lub odległości między wszystkimi obiektami za pomocą odpowiednio dobranego współczynnika (Dzwonko 2007). W badaniach stosuje się dwie kategorie miar służące do porównania prób: metody stosowane do porównania jakościowego (ze względu na obecność lub brak gatunków, inaczej przy danych binarnych) i przy porównaniach prób zawierających dane ilościowe. Do porównania jakościowego badanych prób zastosowano wskaźnik zaproponowany przez Sørensena (za Trojan 1975), który jest proporcją liczby gatunków wspólnych porównywanych prób do średniej liczby gatunków i wyraża się wzorem:

$$So = \frac{2a}{2a + b + c}$$

gdzie:

a – liczba gatunków wspólnych dla obu prób,

b – liczba gatunków występujących tylko w pierwszej próbie,

c – liczba gatunków występujących tylko w drugiej próbie.

W celu porównania ilościowego prób zastosowano odległość euklidesową (Euclidean distance) jako miarę niepodobieństwa porównywanych prób.

Miara ta obliczona została według wzoru:

$$ED = \sqrt{\sum_k \left(y_{ki} - \sum_k y_{kj}\right)^2}$$

gdzie:

y_{ki} – oznacza liczebność gatunku *k* w próbie *i*,

y_{kj} – oznacza liczebność gatunku *k* w próbie *j*.

Przy pomocy tych wskaźników, porównano jaskinie i stanowiska zewnętrzne oraz mikrosiedliska tam wyróżnione. Wyniki przedstawiono w postaci dendrogramów. Analizy te wykonano przy użyciu programu MVSP v. 3.1 (Multivariate Statistical Package) (Kovach 1985-1999), a do konstruowania dendrogramu zastosowano metodę średniej arytmetycznej i nieważonych par grup (UPGMA) oraz przy pomocy programu CAP 4.0 (Community Analysis Package 4) (Seaby, Henderson 2007), w którym do oszacowania odległości pomiędzy skupieniami wykorzystano metodę Warda (Ward 1963) polegającą na analizie wariancji.

3.6.2. Klasyfikacja dzieląca

W technikach dzielących klasyfikacji hierarchicznej, głównym przedmiotem grupowania są różnice pomiędzy badanymi próbami. Największą popularnością wśród tego typu technik zarówno w badaniach florystycznych jak i faunistycznych, jest dwustronna analiza gatunków wskaźnikowych – TWINSPAN (Two Way INdicator SPecies ANalysis) (Hill 1979). Metodę tę należy traktować jako dychotomiczną analizę porządkowania, gdyż główną jej cechą jest dzielenie uporządkowanego układu a nie selekcja gatunków wskaźnikowych (Dzwonko 2007). Stosując algorytm TWINSPAN, określono podobieństwo zgrupowań roztoczy na badanych stanowiskach oraz w mikrosiedliskach. Wyniki analizy zilustrowano za pomocą dendrogramu. Do analizy wykorzystano dane określające udział procentowy poszczególnych gatunków. Podczas badania danych ilościowych, program ten wykorzystuje tzw. pseudogatunki, którym odpowiadają określone zakresy użytej skali ilościowości. Im wyższą ilościowość osiąga gatunek, tym więcej pseudogatunków reprezentuje go podczas analizy (Dzwonko 2007). Do obliczeń wykorzystano program CAP 4.0 (Seaby, Henderson 2007), w którym zastosowano następujące opcje: 5 poziomów wyróżniania pseudogatunków – 0, 2, 5, 10, 20%, 6 poziomów podziału, maksymalną liczbę gatunków wskaźnikowych równą 7, oraz minimum 3-elementowe grupy podlegające podziałom. W trakcie analizy pominięte zostały gatunki przypadkowe (outliers), wyróżnione na podstawie analizy tabel liczebności dla poszczególnych stanowisk i mikrosiedlisk. Gatunki te występowały tylko na jednym stanowisku czy w mikrosiedlisku i ich liczebność wynosiła 1. Zastosowanie takiej procedury pozwala na poprawne wykrycie głównego gradientu podziału zbioru danych (Piernik 2008).

3.7. Gatunki wskaźnikowe

Dla określenia gatunków wskaźnikowych dla jaskiń i stanowisk zewnętrznych oraz dla mikrosiedlisk w nich wyróżnionych, zastosowano metodę IndVal (Indicator Value). Metoda ta została opisana przez Dufrêne i Legendre (1997). Wartość indeksu IndVal jest wynikiem pomnożenia względnej ilościowości (specifity) i względnej częstości (fidelity) przez 100. Względną ilościowość uzyskuje się przez podzielenie średniej liczebności osobników danego gatunku w danym zbiorze prób przez sumę średnich liczebności wszystkich prób. Względna częstość to proporcja prób w zbiorze, które zawierają dany gatunek. Indeks przyjmuje wartość maksymalną 100%, kiedy wszystkie osobniki danego gatunku znajdują się w jednej grupie próbek i gdy gatunek występuje we wszystkich próbkach tej grupy. Istotność statystyczna wartości wskaźnika, jest oceniana z zastosowaniem procedury randomizacji oraz testu t. Wartość indeksu IndVal obliczono dla stanowisk, które podzielono na 2 grupy (jaskinie i otoczenie jaskiń) oraz dla 9 grup (jaskinie), a następnie dla mikrosiedlisk, w których wyróżniono 15 grup (9 dla jaskiń i 6 dla stanowisk zewnętrznych). W celu określenia głównych poziomów podziałów na grupy, zastosowano hierarchiczną klasyfikację w oparciu o metodę Warda (Ward 1963). Wartość indeksu IndVal obliczono przy pomocy programu INDVAL 2.0 (Dufrêne 1998). Randomizację przeprowadzono dla 1000 powtórzeń.

3.8. Analiza parametrów siedliskowych

3.8.1. Właściwości abiotyczne siedliska

3.8.1.1. Wilgotność

Na każdym stanowisku, w dniu poboru prób, mierzona była wilgotność względna powietrza. Pomiaru tego dokonano przy użyciu psychrometru aspiracyjnego Assmana. W metodzie tej wykorzystywane jest zjawisko parowania wody. Intensywność parowania wody w określonej temperaturze zależy od zawartości pary wodnej w powietrzu. Ciepło parowania jest mierzone za pomocą dwóch termometrów, z których jeden posiada zwilżany wodą destylowaną zbiorniczek z rtęcią. Określenie wilgotności względnej dokonuje się przy użyciu tablic psychrometrycznych wykorzystując do tego celu dwie wartości temperatur. Dla każdego stanowiska określono również wilgotność wagową gleby. Procentową wilgotność określono na podstawie wagi próbki „świeżej" i wysuszonej w temperaturze 105°C:

$$W = \frac{M_w}{M_s} \times 100\%$$

gdzie:

W – wilgotność,

M_w – masy wody zawartej w glebie,

M_s – masa próbki po wysuszeniu.

Wilgotność gleby obliczona według powyższego wzoru nie jest równoznaczna z zawartością wody w glebie i może być wyższa niż 100% (Myślińska 2001).

3.8.1.2. Kwasowość

W celu oznaczenia kwasowości gleby dla prób pobranych z każdego stanowiska wykonano pomiar kwasowości czynnej (w H_2O destylowanej) oraz potencjalnej (w KCl). Analizę przeprowadzono metodą potencjometryczną przy użyciu pH-metru pH 538.

3.8.1.3. Uziarnienie

Oznaczenie składu granulometrycznego prób wykonano metodą analizy sitowej zgodnie z zaleceniami podanymi przez Richlinga (1993). Po wysuszeniu w suszarce w temperaturze 105°C, próbki zważono a następnie przesiano przez zestaw sit o następujących wymiarach oczek:

1,0; 0,75; 0,5; 0,3; 0,2; 0,1mm. Zawartość poszczególnych frakcji granulometrycznych obliczono według wzoru:

$$S = \frac{g_s}{G_s} \times 100\%$$

gdzie:

S – zawartość ważonej frakcji

g_s – masa osadu suchego pozostałego na sicie

G_s – masa całej masy osadu suchego użytego do analizy sitowej.

Oznaczenie kwasowości oraz granulometrii wykonano w Wydziałowej Pracowni Analiz Środowiskowych Wydziału Biologii i Ochrony Środowiska Uniwersytetu Śląskiego.

3.8.1.4. Pomiar zawartości wybranych pierwiastków i związków chemicznych

Dla siedlisk, z których pobierano próby oznaczono zawartość następujących pierwiastków i związków chemicznych: C organiczny ($C_{org.}$), P, Mg, Na, K, Ca, $CaCO_3$. Analizy te wykonano w Laboratorium Analiz Gleb, Gruntów i Skał oraz Laboratorium Analiz Wody Wydziału Nauk o Ziemi Uniwersytetu Śląskiego. C całkowity ($C_{całk.}$) i N całkowity ($N_{całk.}$) oznaczono na analizatorze elementarnym Vario max CNS firmy Elementar Analysensysteme GmbH w Wydziałowej Pracowni Analiz Środowiskowych Uniwersytetu Śląskiego. Dla zmierzonych parametrów siedliskowych wykonano analizę korelacji między tymi zmiennymi a liczebnością, zagęszczeniem, liczbą gatunków i wskaźnikiem różnorodności H'.

3.9. Ordynacja

W celu porównania zgrupowań roztoczy oraz wykrycia głównego wzorca w zależnościach pomiędzy występowaniem gatunków a zmierzonymi parametrami środowiskowymi zastosowano techniki ordynacji pośredniej i bezpośredniej. Metody te mają na celu uporządkowanie prób wzdłuż gradientu reprezentowanego przez oś diagramu ordynacyjnego.Wybór technik ordynacyjnych uzależniony jest od struktury danych tzn. czy mają one charakter liniowy czy unimodalny. Struktura ta wyrażona jest w jednostkach odchylenia standardowego (SD), którego wyliczenia dokonano przy użyciu nietendencyjnej analizy zgodności (DCA). Analizy przeprowadzono dla zlogarytmizowanych [ln(x+1)] danych. Taką transformację stosuje się między innymi po to, aby nadać mniejszą rangę gatunkom bardzo licznym i uwypuklić znaczenie gatunków o mniejszej liczebności (Jongman i in. 1987, Lepš, Šmilauer 1999, Piernik 2008). Długość gradientu analizowanych danych zawierała się pomiędzy 3 a 4 SD dlatego do dalszej analizy użyto technik CA (analiza zgodności) i CCA (kanoniczna analiza zgodności), które są rekomendowane dla danych tego typu (Jongman i in. 1987, Lepš, Šmilauer 1999). Podczas analizy

CA i CCA wybrano następujący rodzaj skalowania: inter-species distances i biplot-scaling. W trakcie analizy CCA, wykonano krokową selekcję zmiennych środowiskowych w celu wybrania tych, które rzeczywiście są związane z gatunkowym zróżnicowaniem prób. W celu wykluczenia z modelu ordynacyjnego zmiennych silnie korelujących ze sobą, wykonano analizę korelacji. Oceny roli zmiennych środowiskowych w tym modelu, dokonano na podstawie selekcji krokowej (forward selection), która umożliwia uporządkowanie uwzględnionych w analizie zmiennych w zależności od siły ich związku z gatunkowym zróżnicowaniem prób (ter Braak, Šmilauer 2002). Ich istotność oraz istotność statystyczną osi kanonicznych, ustalono przy użyciu testu permutacyjnego Monte Carlo dla 499 powtórzeń. W trakcie analizy pominięto gatunki przypadkowe, wyróżnione na podstawie kryteriów zastosowanych podczas analizy klasyfikacji.

Korelację zmiennych środowiskowych wykonano w programie STATISTICA 9.1 a obliczenia ordynacyjne oraz diagramy obrazujące wyniki analiz, wykonano przy użyciu programu CANOCO for Windows Version 4.5 (ter Braak, Šmilauer 2002).

4. WYNIKI

4.1. Ogólna charakterystyka zebranego materiału

Na badanych stanowiskach uzyskano łącznie 12 717 osobników Gamasina, 690 – Ixodida, 1882 – Prostigmata, 950 – Astigmata, 32 693 – Oribatida 13 853 – Collembola. Liczebność tych grup systematycznych w poszczególnych jaskiniach i w ich najbliższym otoczeniu przedstawiono w tabeli 4.1.

Tab. 4.1. Liczebność poszczególnych grup systematycznych na badanych stanowiskach.

Stanowisko	Gamasina	Ixodida	Prostigmata	Astigmata	Oribatida	Collembola
JLpd	681	5	59	50	1 517	1 741
JLpg	573	673	95	22	1 889	293
Sch	1 397	8	87	98	3 434	1 201
JPL	724	0	13	144	3 899	301
JBł	27	0	8	19	50	210
JpP	717	4	68	90	1 574	1 608
JSt	1 252	0	13	144	3 899	301
JSG	279	0	37	50	1 977	1 315
JJa	251	0	164	11	599	411
RAZEM	**5 901**	**690**	**544**	**628**	**18 838**	**7 381**
pJL	879	0	253	116	2 924	1 355
pSch	1 015	0	142	55	2 501	1 479
pJPL	967	0	104	24	2 487	1 018
pJBł	715		59	32	692	719
pJpP	903	0	124	49	1 810	811
pJSt	745	0	71	12	720	378
pJSG	812	0	53	21	595	194
pJJa	780	0	532	13	2 126	518
RAZEM	**6816**	**0**	**1 338**	**322**	**13 855**	**6 472**

4.2. Ocena reprezentatywności zebranego materiału

4.2.1. Krzywe akumulacji gatunków

Krzywe akumulacji gatunków wykreślone dla każdej jaskini miały tendencję wzrostową jednak w końcowych odcinkach wypłaszczały się co sugeruje, że zebrano większość potencjalnie występujących w tych siedliskach gatunków (ryc. 4.1.).

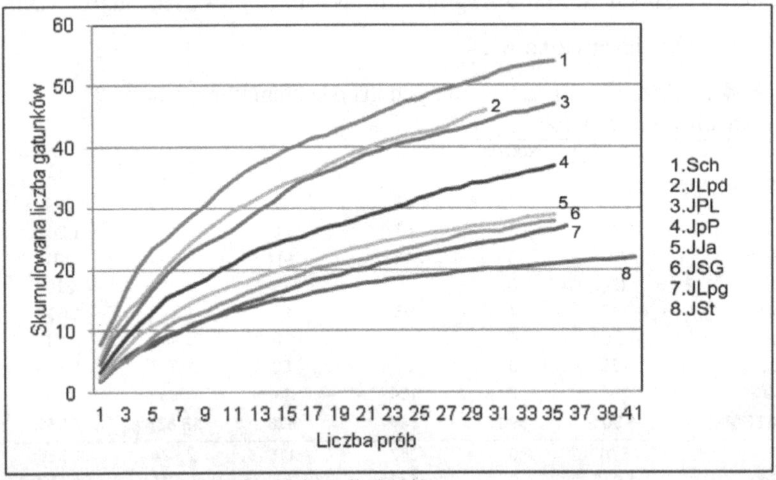

Ryc. 4.1. Krzywe akumulacji gatunków dla jaskiń.

Krzywe akumulacji gatunków dla stanowisk zewnętrznych, miały bardziej płaski przebieg niż krzywe dla prób zebranych w jaskiniach (ryc. 4.2.). Podobnie jak dla jaskiń, ze stanowisk tych zebrano większość potencjalnych gatunków. Analiza ta pozwoliła również stwierdzić, że z takiej samej liczby prób pobranych w jaskiniach uzyska się mniejszą liczbę gatunków niż w ich otoczeniu.

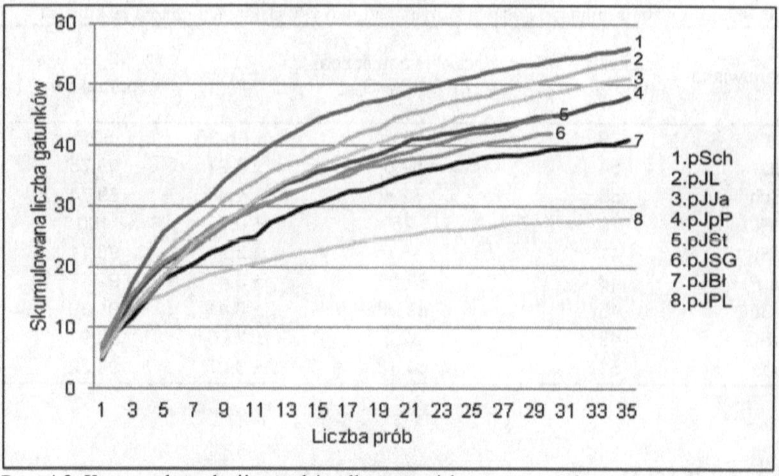

Ryc. 4.2. Krzywe akumulacji gatunków dla stanowisk zewnętrznych.

4.2.2. Oczekiwana liczba gatunków

Dla 8 stanowisk ilość zebranych gatunków przekraczała 90% a dla stanowiska przed Jaskinią poniżej Lodowej była równa 100% (tab. 4.2.)

Tab. 4.2. Liczba zebranych i oczekiwanych gatunków w jaskiniach i przed jaskiniami.

Stanowisko	Liczba gatunków	Oczekiwana liczba gatunków S_{max}	SD	% zebranych gatunków
JLpd	46	49,6	± 3,24	92,74
JLpg	27	47,17	± 12,65	57,24
Sch	54	56,45	± 2,16	95,66
JPL	46	53,75	± 4,87	85,58
JpP	37	42,33	± 4,12	87,41
JSt	22	22,5	± 0,87	97,78
JSG	29	42,4	± 8,77	68,4

Tab. 4.2.cd. Liczba zebranych i oczekiwanych gatunków w jaskiniach i przed jaskiniami.

Stanowisko	Liczba gatunków	Oczekiwana liczba gatunków S_{max}	SD	% zebranych gatunków
JJa	29	54	± 16,35	53,7
pJL	54	57,6	± 3,24	93,75
pSch	56	62,4	± 4,88	89,74
pJPL	28	28	± 0,71	100
pJBł	41	45,5	± 3,98	90,11
pJpP	48	52,08	± 3,41	92,17
pJSt	45	49,08	± 3,41	91,69
pJSG	42	82,5	± 27,84	50,91
pJJa	51	54,13	± 3,07	94,22

4.3. Zagęszczenie

4.3.1. Zagęszczenie osobników na badanych stanowiskach

Zagęszczenia osobników Gamasina w próbach odznaczały się dużymi wahaniami. W jaskiniach wartości te wynosiły od 0 do 812, a w otoczeniu jaskiń od 0 do 395 osobników/1dm^3. Średnie zagęszczenia osobników w próbach przedstawiono w tab. 4.3. Najwyższym zagęszczeniem osobników charakteryzowało się Schronisko koło Jaskini Lodowej, a najniższym – Jaskinia Jasna.

Tab. 4.3. Średnie zagęszczenie osobników ± SD na stanowiskach.

Stanowisko	Średnie zagęszczenie ± SD [osobniki/1dm^3]
JLpd	56,75± 72,69
JLpg	40,93± 55,33
Sch	99,79± 125,46
JPL	51,71± 69,23
JpP	51,21± 43,50
JSt	76,34± 160,86

Tab. 4.3cd. Średnie zagęszczenie osobników ± SD na stanowiskach.

Stanowisko	Średnie zagęszczenie ± SD [osobniki/1dm^3]
JSG	20± 26,19
JJa	17,93± 13,69
pJL	62,79± 75,64
pSch	72,5± 86,96
pJPL	69,07± 33,46
pJBł	51,07± 64,30
pJpP	64,5± 73,52
pJSt	62,25± 65,45
pJSG	67,67± 66,83
pJJa	55,5± 48,88

Różnice pomiędzy średnimi zagęszczeniami Gamasina dla jaskiń i stanowisk powierzchniowych są istotne statystycznie (H=135,9; p=0,00). Dla większości stanowisk (z wyjątkiem JSG i JJa) nie stwierdzono istotnych różnic pomiędzy zagęszczeniami roztoczy wewnątrz jaskiń i ich otoczeniem. Największe różnice występowały między JSG a JLpd, Sch, JPL, JpP oraz między tymi stanowiskami a JJa. W istotny statystycznie sposób różniły się również Sch i JLpg (tab. 4.4).

Tab. 4.4. Wyniki testu Manna-Whitney'a dla średnich zagęszczeń osobników w próbach na badanych stanowiskach. Podkreślono wyniki istotne statystycznie.

	JLpd	JLpg	Sch	JPL	JpP	JSt	JSG	JJa	pJL	pSch	pJPL	pJBł	pJpP	pJSt	pJSG	pJJa
JLpd		0,24	0,24	0,75	0,59	0,42	0,01	0,04	0,55	0,46	0,02	0,79	0,49	0,39	0,2	0,39
JLpg	1		0,01	0,38	0,07	0,64	0,21	0,41	0,08	0,04	0	0,3	0,06	0,04	0,01	0,02
Sch	1	1		0,1	0,34	0,05	0	0	0,46	0,48	0,39	0,1	0,42	0,56	0,94	0,57
JPL	1	1	1		0,34	0,64	0,01	0,03	0,34	0,33	0	0,97	0,34	0,2	0,07	0,15
JpP	1	1	1	1		0,15	0	0	0,93	0,79	0,02	0,32	0,92	0,7	0,42	0,65
JSt	1	1	1	1	1		0,13	0,38	0,16	0,08	0	0,41	0,11	0,08	0,03	0,06
JSG	1	1	0,02	1	0,04	1		0,3	0	0	0	0,01	0	0	0	0
JJa	1	1	0,04	1	0,06	1	1		0	0	0	0,05	0	0	0	0

Tab. 4.4cd. Wyniki testu Manna-Whitney'a dla średnich zagęszczeń osobników w próbach na badanych stanowiskach. Podkreślono wyniki istotne statystycznie

	JLpd	JLpg	Sch	JPL	JpP	JSt	JSG	JJa	pJL	pSch	pJPL	pJBł	pJpP	pJSt	pJSG	pJJa
pJL	1	1	1	1	1	1	0,04	0,05		0,98	0,02	0,22	0,88	0,93	0,51	0,84
pSch	1	1	1	1	1	1	0,07	0,37	1		0,11	0,36	0,93	0,59	0,35	0,55
pJPL	1	0,03	1	0,2	1	0,55	0	0	1	1		0	0,02	0,02	0,06	0,02
pJBł	1	1	1	1	1	1	1	1	1	1	0,14		0,18	0,07	0,03	0,1
pJpP	1	1	1	1	1	1	0,02	0,06	1	1	1	1		0,74	0,37	0,7
pJSt	1	1	1	1	1	1	0,01	0,01	1	1	1	1	1		0,57	0,94
pJSG	1	1	1	1	1	1	0	0	1	1	1	1	1	1		0,52
pJJa	1	1	1	1	1	1	0	0	1	1	1	1	1	1	1	

4.3.2. Zagęszczenie osobników w mikrosiedliskach

Zagęszczenie roztoczy Gamasina w mikrosiedliskach wyróżnionych w jaskiniach wahało się między 0 a 1875 osobników /1dm^3. Na stanowiskach zewnętrznych wartości te zawierały się w przedziale 15–1288 osobników /1dm^3. Mikrosiedliskiem o największym zagęszczeniu roztoczy było guano, a o najniższym – kości. Spośród mikrosiedlisk wyróżnionych w obu typach stanowisk, drewno zalegające w jaskiniach odznaczało się wyższym zagęszczeniem roztoczy niż to, które znajduje się na zewnątrz jaskiń (tab.4.5).

Tab. 4.5. Średnie zagęszczenia ± SD w mikrosiedliskach wyróżnionych w jaskiniach i ich otoczeniu.

Mikrosiedlisko	Średnia	SD
śćJ	287,12	±368,52
hJ	168,67	±206,80
miJ	57,56	±42,81
glJ	70,55	±47,69
meJ	40,28	±22,50

Tab. 4.5cd. Średnie zagęszczenia ± SD w mikrosiedliskach wyróżnionych w jaskiniach i ich otoczeniu.

Mikrosiedlisko	Średnia	SD
dJ	219,46	±375,20
kJ	8,44	±10,07
guJ	943,75	±1316,99
nJ	138,13	±155,82
śćpJ	550,63	±173,05
hpJ	721,88	±361,18
mipJ	418,33	±75,01
glpJ	642,5	±387,20
mepJ	71,25	±64,21
dpJ	107	±86,18

4.3.3. Porównanie zagęszczeń roztoczy w mikrosiedliskach

Wyniki testu ANOVA wskazały na istotne statystycznie różnice pomiędzy zagęszczeniami roztoczy w mikrosiedliskach wyróżnionych w jaskiniach i ich otoczeniu (dla jaskiń: F=3,198, p=0,03 a dla stanowisk zewnętrznych: F=19,85, p= 0,00).

Zagęszczenie roztoczy w jaskiniach było zdecydowanie wyższe w guano niż w pozostałych mikrosiedliskach. Różnice te były istotne statystycznie (tab. 4.6.).

Tab. 4.6. Wyniki testu Tukey'a dla zagęszczeń w mikrosiedliskach wyróżnionych w jaskiniach. Podkreślono wyniki istotne statystycznie.

	śćpJ	h	mi	d	gl	me	gu	k	n
ść		1	0,96	1	0,97	0,93	<u>0,04</u>	0,88	1
h	0,86		1	1	1	1	<u>0,01</u>	1	1
mi	1,67	0,81		1	1	1	<u>0</u>	1	1
d	0,49	0,37	1,18		1	0,99	<u>0,01</u>	0,97	1
gl	1,58	0,71	0,09	1,09		1	<u>0</u>	1	1
me	1,8	0,94	0,13	1,31	0,22		<u>0</u>	1	1

Tab. 4.6cd. Wyniki testu Tukey'a dla zagęszczeń w mikrosiedliskach wyróżnionych w jaskiniach. Podkreślono wyniki istotne statystycznie

	ść	h	mi	d	gl	me	gu	k	n
gu	4,78	5,65	6,46	5,28	6,36	6,58		0	0
k	2,03	1,17	0,36	1,54	0,45	0,23	6,81		1
n	1,09	0,22	0,59	0,59	0,49	0,71	5,87	0,94	

W otoczeniu jaskiń, wykazano istotne różnice między zagęszczeniami roztoczy w drewnie i humusie, drewnie i glebie oraz między mchem i ściółką, humusem i glebą (tab. 4.7).

Tab. 4.7. Wyniki testu Tukey'a dla zagęszczeń w mikrosiedliskach wyróżnionych przed jaskiniami. Podkreślono wyniki istotne statystycznie.

	ść	h	mi	d	gl	me
ść		0,86	0,95	0,06	0,99	0,03
h	1,63		0,34	0,00	0,99	0,00
mi	1,26	2,88		0,32	0,66	0,21
d	4,21	5,83	2,95		0,01	1,00
gl	0,87	0,75	2,13	5,08		0,01
me	4,55	6,17	3,29	0,34	5,42	

4.4. Bogactwo i różnorodność gatunkowa

4.4.1. Skład gatunkowy

Na badanych stanowiskach znaleziono 143 gatunki roztoczy Gamasina zaliczone do 14 rodzin. W jaskiniach stwierdzono 105 gatunków, z tego 29 wyłącznych. Spośród 111 gatunków występujących w otoczeniu jaskiń, 37 to gatunki wyłączne dla tych stanowisk. Gatunków wspólnych było 76 (tab. 4.8 a i b).

WYNIKI

Tab.4.8a. Skład gatunkowy Gamasina na badanych stanowiskach Skrótem podano nazwy gatunkowe. Rozwinięcie skrótów w Tab.4.8b. Podkreślono gatunki nowe dla fauny Polski (Skorupski 2008).

Lp.	skrót	Stanowisko																
		JLpd	JLpg	Sch	JPL	JBł	JpP	JSt	JSG	JJa	pJL	pSch	pJPL	pJBł	pJpP	pJSt	pJSG	pJJa
1	E.sp																	X
2	P.rad				X						X	X	X	X	X			
3	P.fim															X	X	
4	P.koc			X	X		X				X	X		X	X	X	X	
5	P.sel						X				X	X				X	X	
6	P.tra	X	X	X	X	X	X				X	X		X	X			X
7	Prz.sp										X	X						
14	Z.arc			X	X													
15	Z.bal		X	X	X													
16	Z.ber									X	X							X
8	Z.cur								X	X			X		X	X	X	
17	Z.gue											X						
12	Z.fag		X	X	X		X	X				X	X	X	X			
9	Z.p.pus	X		X	X		X				X	X	X	X	X	X	X	X
18	Z.p.pes	X		X	X			X		X	X			X	X	X	X	X
10	Z.rom	X	X	X	X		X	X			X	X	X	X	X	X	X	
19	Z.sto			X							X		X		X			X
11	Z.tri		X	X	X				X	X	X	X	X	X	X	X	X	X
13	Z.vac			X							X	X						
20	Z.sp1								X		X	X		X	X	X		
21	Z.sp2													X	X	X	X	
22	Z.sp3											X			X	X		
23	Z.sp4									X	X	X	X		X	X		X
24	Z.sp5										X					X		

Tab.4.8a.cd. Skład gatunkowy Gamasina na badanych stanowiskach Skrótem podano nazwy gatunkowe. Rozwinięcie skrótów w Tab.4.8b. Podkreślono gatunki nowe dla fauny Polski (Skorupski 2008).

Lp.	skrót	Stanowisko																
		JLpd	JLpg	Sch	JPL	JBł	JpP	JSt	JSG	JJa	pJL	pSch	pJPL	pJBł	pJpP	pJSt	pJSG	pJJa
25	Z.sp6										X	X	X		X			
26	E.cav	X																
27	E.fur						X					X	X				X	
28	G.spi		X															
29	P.hor				X													
30	P.lor	X		X	X	X	X	X	X									
31	P.sp								X	X			X				X	X
32	P.car	X			X													
33	P.lun																	X
34	V.kra	X		X	X		X		X			X		X	X	X	X	X
35	V.mas	X		X					X									
36	V.rem			X					X									
37	V.oud	X	X	X				X										
38	H.cal									X						X	X	X
39	H.exc										X							
40	H.int	X		X					X		X	X				X	X	
41	L.als				X				X									
43	L.par																	
42	L.tec	X		X	X		X					X		X	X			X
44	P.alp																	X
45	P.sim	X		X	X				X							X	X	
46	P.hom	X		X								X						
47	P.lap	X																
48	P.mis			X						X	X	X	X	X	X	X	X	X
49	P.rus	X										X						

Tab.4.8a.cd. Skład gatunkowy Gamasina na badanych stanowiskach Skrótem podano nazwy gatunkowe. Rozwinięcie skrótów w Tab.4.8b. Podkreślono gatunki nowe dla fauny Polski (Skorupski 2008).

Lp.	skrót	Stanowisko																
		JLpd	JLpg	Sch	JPL	JBł	JpP	JSt	JSG	JJa	pJL	pSch	pJPL	pJBł	pJpP	pJSt	pJSG	pJJa
50	P.run	X		X								X						
51	P.tru								X				X	X	X			X
52	P.was															X	X	
53	P.vag									X		X						X
54	Par.sp											X					X	
55	P.bre	X		X	X		X				X		X	X	X			
56	<u>P.arc</u>											X						
57	P.bes			X								X						
58	P.dig		X								X							X
59	P.cra									X								X
60	P.med	X			X		X			X			X	X	X			X
61	P.par			X														
62	P.bar	X	X	X			X		X	X	X	X		X	X	X	X	
63	Per.sp													X	X		X	
64	V.cer			X						X		X			X			
65	V.exi	X	X	X	X		X	X		X	X	X		X	X	X	X	X
66	V.koc				X		X		X	X				X	X			X
67	V.nem	X	X	X	X	X	X	X	X	X	X	X	X	X	X	X	X	X
68	V.pla							X								X	X	
69	V.tra	X					X	X			X	X						
70	D.arv	X	X	X	X		X	X			X	X	X	X	X	X	X	X
71	D.rot						X				X					X	X	
72	D.sp1															X		
73	D.sp2										X					X		

Tab.4.8a.cd. Skład gatunkowy Gamasina na badanych stanowiskach Skrótem podano nazwy gatunkowe. Rozwinięcie skrótów w Tab.4.8b. Podkreślono gatunki nowe dla fauny Polski (Skorupski 2008).

Lp.	skrót	Stanowisko																
		JLpd	JLpg	Sch	JPL	JBł	JpP	JSt	JSG	JJa	pJL	pSch	pJPL	pJBł	pJpP	pJSt	pJSG	pJJa
74	C.chi		X				X	X										
75	C.muc			X	X		X	X		X								
76	C.sp.								X									
77	E.ema	X		X			X		X									
78	G.mon										X			X	X			
79	G.spi							X	X									
80	G.sp				X													
81	R.cal							X										
82	R.cor			X	X							X						
83	R.man										X		X	X	X			X
84	R.apo														X			
85	R.sil		X		X						X		X	X	X			X
86	R.sp1		X															
87	R.sp2																	X
88	S.sp	X	X	X	X	X	X	X	X			X				X	X	
89	G.lon	X		X	X		X	X	X		X	X		X	X	X	X	X
90	G.man	X			X		X			X	X	X		X	X	X	X	X
91	G.sp							X										
92	M.car										X							
93	M.den											X						
94	M.mon	X	X		X	X	X		X			X						
95	M.tri	X																
96	M.rec	X					X					X						

Tab.4.8a.cd. Skład gatunkowy Gamasina na badanych stanowiskach Skrótem podano nazwy gatunkowe. Rozwinięcie skrótów w Tab.4.8b. Podkreślono gatunki nowe dla fauny Polski (Skorupski 2008).

Lp.	skrót	Stanowisko																
		JLpd	JLpg	Sch	JPL	JBł	JpP	JSt	JSG	JJa	pJL	pSch	pJPL	pJBł	pJpP	pJSt	pJSG	pJJa
97	M.sp			X														
98	M.sp										X							
99	P.hum	X	X	X			X				X	X		X	X	X	X	
100	Pac.sp2						X											
101	O.sue	X	X	X	X					X	X	X	X	X	X	X	X	X
102	<u>P.sub</u>				X						X					X	X	
103	P.imi	X		X	X						X	X		X	X			X
104	P.lit			X	X							X						X
105	P.lon				X			X										
106	P.mag			X			X				X	X						X
107	P.pec																	X
108	Pac.sp1			X				X		X								
109	P.fur	X		X	X		X			X	X			X	X	X		X
110	P.ine			X														
111	P.scu											X						
112	<u>P.hal</u>																	X
113	A.fur	X	X	X	X		X			X	X		X					X
114	A.pla																	X
115	A.plu															X	X	
116	Am.sp														X			
117	A.bac										X		X	X	X	X	X	X
118	A.aph	X		X	X							X	X	X	X	X	X	X
119	G.bic		X									X				X	X	X

Tab.4.8a.cd. Skład gatunkowy Gamasina na badanych stanowiskach Skrótem podano nazwy gatunkowe. Rozwinięcie skrótów w Tab.4.8b. Podkreślono gatunki nowe dla fauny Polski (Skorupski 2008).

Lp.	skrót	Stanowisko																
		JLpd	JLpg	Sch	JPL	JBł	JpP	JSt	JSG	JJa	pJL	pSch	pJPL	pJBł	pJpP	pJSt	pJSG	pJJa
120	L.fro										X	X						
121	L.law	X		X							X					X	X	
122	L.mur	X	X						X							X	X	
123	A.sp1		X	X						X	X		X	X		X	X	
124	A.sp2									X	X		X	X	X	X	X	X
125	P.pyg	X	X	X	X		X	X	X	X	X	X						X
126	A.bre				X							X						
127	A.cet	X	X	X	X			X	X	X	X	X		X	X			X
128	A.mag	X		X					X					X	X			
129	A.ven	X			X									X	X			
130	Arc.sp											X						
131	Z.rem	X						X	X									
132	E.ost			X			X		X	X			X	X	X	X	X	X
133	H.nid	X																
135	H.obl															X	X	
136	H.sar			X			X											
137	H.acu	X	X	X	X		X			X	X	X	X	X	X	X	X	X
134	H.bre											X						
138	H.nol				X						X	X		X	X			X
139	H.sp1						X		X	X	X		X					X
140	H.sp2								X		X							X
141	H.sp3		X		X						X							
142	H.sp4																	X
143	O.pla																	X
		46	27	54	46	5	37	22	29	29	54	56	28	41	48	45	42	51

Tab.4.8b. Lista gatunków roztoczy Gamasina na badanych stanowiskach i rozwinięcie skrótów użytych w analizach statystycznych. Podkreślono gatunki nowe dla fauny Polski (Skorupski 2008).

Lp.	Nazwa gatunkowa	skrót
1	*Epicrius sp.*	E.sp
2	*Parazercon radiatus (Berlese, 1914)*	P.rad
3	*Prozercon fimbriatus (C.L. Koch, 1839)*	P.fim
4	*Prozercon kochi Sellnick, 1943*	P.koc
5	*Prozercon sellnicki Halaškova, 1963*	P.sel
6	*Prozercon traegardhi (Halbert, 1923)*	P.tra
7	*Prozercon sp.*	Prz.sp
8	*Zercon arcuatus Trägardh, 1931*	Z.arc
9	*Zercon baloghi Sellnick, 1958*	Z.bal
10	*Zercon berlesei Sellnick, 1958*	Z.ber
11	*Zercon curiosus Trägardh, 1910*	Z.cur
12	*Zercon gurensis Mihelčič,1962*	Z.gue
13	*Zercon fageticola Halaškova, 1969*	Z.fag
14	*Zercon peltatus peltatus C. L. Koch, 1836*	Z.p.pus
15	*Zercon peltatus peltatoides Halaškova, 1969*	Z.p.pes
16	*Zercon romagniolus Sellnick, 1944*	Z.rom
17	*Zercon storkani Halaškova, 1969*	Z.sto
18	*Zercon triangularis C. L. Koch, 1836*	Z.tri
19	*Zercon vacuus C. L. Koch, 1839*	Z.vac
20	*Zercon sp.1*	Z.sp1
21	*Zercon sp.2*	Z.sp2
22	*Zercon sp.3*	Z.sp3
23	*Zercon sp.4*	Z.sp4
24	*Zercon sp.5*	Z.sp5
25	*Zercon sp.6*	Z.sp6
26	*Eugamasus cavernicola Trägardh, 1912*	E.cav
27	*Eugamasus furcatus (G. et . Canestrini, 1882) s. Micherdziński, 1969*	E.fur
28	*Gamasodes spiniger (Trägardh, 1910)*	G.spi
29	*Parasitus hortivagus (Berlese, 1903)*	P.hor
30	*Parasitus loricatus (Wankel, 1861)s. Micherdziński, 1969*	P.lor
31	*Parasitus sp.*	P.sp
32	*Poecilochirus carabi G.et R. Canestrini, 1882*	P.car
33	*Porrhostaspis lunulata Müller, 1859*	P.lun
34	*Vulgarogamasus kraepelini (Berlese, 1904)*	V.kra

Tab.4.8b.cd. Lista gatunków roztoczy Gamasina na badanych stanowiskach i rozwinięcie skrótów użytych w analizach statystycznych. Podkreślono gatunki nowe dla fauny Polski (Skorupski 2008).

Lp.	Nazwa gatunkowa	skrót
35	*Vulgarogamasus maschkeae (Willmann, 1936)*	V.mas
36	*Vulgarogamasus remberti (Oudemans, 1912)*	V.rem
37	*Vulgarogamsus oudemansi (Berlese, 1903)*	V.oud
38	*Holoparasitus calcaratus (C.L.Koch, 1839)*	H.cal
39	*Holoparasitus excisus (Berlese, 1905)*	H.exc
40	*Holoparasitus intermedius (Holzmann, 1955)*	H.int
41	*Leptogamasus alstoni (Bhattacharyya), 1963*	L.als
43	*Leptogamasus parvulus (Berlese, 1903)s. Micherdziński, 1969*	L.par
42	*Leptogamasus tectegynellus Athias-Henriot, 1967s. Witaliński, 1976*	L.tec
44	*Paragamasus (Aclerogamasus) alpestris (Berlese, 1904)*	P.alp
45	*Paragamasus (Aclerogamasus) similis (Willmann, 1953)s. Athias-Henriot, 1967*	P.sim
46	*Paragamasus (Anidogamasus) homopodoides Athias-Henriot, 1967*	P.hom
47	*Paragamasus (Anidogamasus) lapponicus (Trägardh, 1910)*	P.lap
48	*Paragamasus (Anidogamasus) misellus (Berlese, 1903)*	P.mis
49	*Paragamasus (Anidogamasus) runcatellus (Berlese, 1903)s. Karg, 1971*	P.rus
50	*Paragamasus (Anidogamasus) runciger (Berlese, 1903)*	P.run
51	*Paragamasus (Anidogamasus) truncus (Schweizer, 1961)*	P.tru
52	*Paragamasus (Anidogamasus) wasmanni (Oudemans, 1902)*	P.was
53	*Paragamasus (Anidogamasus)vagabundus (Karg, 1968)s. Karg 1971*	P.vag
54	*Paragamasus sp.*	Par.sp
55	*Pergamasus brevicornis Berlese, 1903*	P.bre
56	*Pergamasus arcuatus Dielmann,1991*	P.arc
57	*Pergamasus brevipes Berlese, 1905 s. Micherdziński, 1969*	P.bes
58	*Pergamasus digitulus Karg, 1963*	P.dig
59	*Pergamasus (Pergamasus) crassipes (Linné, 1758)*	P.cra
60	*Pergamasus mediocris Berlese, 1904 s. Karg, 1971*	P.med
61	*Pergamasus parvulus (Berlese, 1903) s. Micherdziński, 1969*	P.par
62	*Pergamsaus (Thenargamasus) barbarus (Berlese, 1904)s. Karg, 1971*	P.bar
63	*Pergamasus sp.*	Per.sp
64	*Veigaia cerva (Kramer, 1876)*	V.cer
65	*Veigaia exigua (Berlese, 1916)*	V.exi
66	*Veigaia kochi (Trägardh, 1901)*	V.koc
67	*Veigaia nemorensis (C. L. Koch, 1839)*	V.nem
68	*Veigaia planicola (Berlese, 1892)*	V.pla

Tab.4.8b.cd. Lista gatunków roztoczy Gamasina na badanych stanowiskach i rozwinięcie skrótów użytych w analizach statystycznych. Podkreślono gatunki nowe dla fauny Polski (Skorupski 2008).

Lp.	Nazwa gatunkowa	skrót
69	*Veigaia transisale (Oudemans, 1902)*	V.tra
70	*Dendrolaelaps (Punctodendrolaelaps) arvicolus (Leitner,1949)*	D.arv
71	*Dendrolaelaps (Punctodendrolaelaps) rotundus Hirschmann, 1960*	D.rot
72	*Dendrolaelaps (Cornodendrolaelaps) sp.*	D.sp1
73	*Dendrolaelaps (Foveodendrolaelaps) sp.*	D.sp2
74	*Cyrtolaelaps chiropterae Berlese, 1887*	C.chi
75	*Cyrtolaelaps mucronatus (G. et R.Canestrini, 1881)*	C.muc
76	*Cyrtolaelaps sp.*	C.sp.
77	*Euryparasitus emarginatus C.L. Koch, 1839*	E.ema
78	*Gamasellus montanus (Wilmann, 1936)*	G.mon
79	*Gamasellus spiricornis (G. et R. Canestrini, 1882)*	G.spi
80	*Gamasellus sp.*	G.sp
81	*Rhodacarus calcarulatus Berlese, 1921*	R.cal
82	*Rhodacarus coronatus Berlese, 1921*	R.cor
83	*Rhodacarus mandibularis Berlese, 1921*	R.man
84	*Rhodacarellus apophyseus Karg, 1971*	R.apo
85	*Rhodacarellus silesiacus Wilmann, 1936*	R.sil
86	*Rhodacarellus sp.1*	R.sp1
87	*Rhodacarellus sp.2*	R.sp2
88	*Saprosecans sp.*	S.sp
89	*Geholaspis (Geholaspis) longispinosus (Kramer, 1876)*	G.lon
90	*Geholaspis (Longicheles) mandibularis (Berlese, 1904)*	G.man
91	*Geholaspis (Cyrtocheles) sp.*	G.sp
92	*Macrocheles carinatus (C.L. Koch, 1839)*	M.car
93	*Macrocheles dentatus (Evans et Browning, 1959)*	M.den
94	*Macrocheles montanus (Willmann, 1951)*	M.mon
95	*Macrocheles tridentinus (G. et R. Canestrini, 1882)*	M.tri
96	*Macrocheles (Macrholaspis) recki Bregetova et Koroleva, 1960*	M.rec
97	*Macrocheles (Macrholaspis) sp.1*	M.sp
98	*Macrocheles (Macrholaspis) sp.2*	M.sp
99	*Pachyseius humeralis Berlese, 1910*	P.hum
100	*Pachyseius sp.*	Pac.sp2
101	*Olopachys suecicus Sellnick, 1950*	O.sue
102	*Pachylaelaps (Longipachylaelaps) sublongisetis Koroleva, 1977*	P.sub
103	*Pachylaelaps imitans Berlese, 1920*	P.imi

Tab.4.8b.cd. Lista gatunków roztoczy Gamasina na badanych stanowiskach i rozwinięcie skrótów użytych w analizach statystycznych. Podkreślono gatunki nowe dla fauny Polski (Skorupski 2008).

Lp.	Nazwa gatunkowa	skrót
104	*Pachylaelaps littoralis Halbert, 1915*	P.lit
105	*Pachylaelaps longisetis Halbert, 1915*	P.lon
106	*Pachylaelaps magnus Halbert, 1915 s. Schweizer (1961)*	P.mag
107	*Pachylaelaps pectinifer (G. et R. Canestrini, 1882)s. Karg, 1971, Bregetova, 1977*	P.pec
108	*Pachylaelaps sp.*	Pac.sp1
109	*Pachydellus furcifer (Oudemans, 1904)*	P.fur
110	*Pachydellus ineptus Hirschmann et Krauss, 1965*	P.ine
111	*Pachydellus sculptus (Berlese, 1920)*	P.scu
112	<u>*Pachygloboaelaps halliday Mašán, 2007*</u>	<u>P.hal</u>
113	*Ameroseius furcatus Karg, 1971*	A.fur
114	*Ameroseius plumea Oudemans, 1930*	A.pla
115	*Ameroseius plumigerus (Oudemans, 1930)*	A.plu
116	*Ameroseius sp.*	Am.sp
117	*Antennoseius bacatus Athias-Henriot, 1961*	A.bac
118	*Asca aphidioides (Linnae, 1758)*	A.aph
119	*Gamasellodes bicolor (Berlese,1918)*	G.bic
120	*Lasioseius frondeus Karg, 1965s. Bregetova, 1977*	L.fro
121	*Lasioseius lawrencei Evans, 1958*	L.law
122	*Lasioseius muricatus (C.L.Koch, 1839)*	L.mur
123	*Amblyseius sp.1*	A.sp1
124	*Amblyseius sp.2*	A.sp2
125	*Proctolaelaps pygmaeus (Müller, 1860)s. Karg, 1971*	P.pyg
126	*Arctoseius brevichelis Karg, 1969*	A.bre
127	*Arctoseius cetratus (Sellnick, 1940)*	A.cet
128	*Arctoseius magnanalis Evans, 1958*	A.mag
129	*Arctoseius venustulus (Berlese, 1917)*	A.ven
130	*Arctoseius sp.*	Arc.sp
131	*Zerconopsis remiger (Kramer, 1876)*	Z.rem
132	*Eviphis ostrinus (C. L. Koch, 1839)*	E.ost
133	*Haemogamasus nidi Michael, 1892s. Evans et Till, 1966*	H.nid
135	*Hypoaspis (Alloparasitus) oblonga (Halbert, 1915) s. Karg, 1971*	H.obl
136	*Hypoaspis (Alloparasitus) sardoa Berlese, 1911*	H.sar

Tab.4.8b.cd. Lista gatunków roztoczy Gamasina na badanych stanowiskach i rozwinięcie skrótów użytych w analizach statystycznych. Podkreślono gatunki nowe dla fauny Polski (Skorupski 2008).

Lp.	Nazwa gatunkowa	skrót
137	*Hypoaspis (Geolaelaps) aculeifer (Canestrini, 1883)*	H.acu
134	*Hypoaspis (Geolaelaps) brevipilis (Bernhard, 1955)Hirschmann, 1969*	H.bre
138	*Hypoaspis (Geolaelaps) nolli Karg, 1962*	H.nol
139	*Hypoaspis sp.1*	H.sp1
140	*Hypoaspis sp.2*	H.sp2
141	*Hypoaspis sp.3*	H.sp3
142	*Hypoaspis sp.4*	H.sp4
143	*Ololaelaps placentula (Berlese, 1887)*	O.pla

4.4.2. Wskaźniki różnorodności gatunkowej

4.4.2.1. Wskaźniki różnorodności gatunkowej w zgrupowaniach badanych stanowisk

Wartości wskaźników różnorodności H' i H_{max} wskazują, że stanowiska przed jaskiniami charakteryzowały się większą różnorodnością gatunkową (tab. 4.9). Średnie wartości tych wskaźników wynosiły odpowiednio: 2,84 i 3,78. Rozkład liczebności gatunków w tych siedliskach był też bardziej równomierny – średnia wartość e wynosiła 0,75. W jaskiniach średnie wartości powyższych wskaźników wynoszą: wskaźnik Shannona H'– 2,34; H_{max} – 3,33 i e – 0,71.

Tab. 4.9. Wartości wskaźników: H', H_{max} i e na stanowiskach.

Stanowisko	H	H_{max}	e
JLpd	2,70	3,83	0,70
JLpg	1,44	3,30	0,44
Sch	2,93	3,99	0,73
JPL	3,12	3,85	0,81
JpP	2,59	3,61	0,72
JSt	1,78	3,09	0,57
JSG	2,33	3,33	0,70
JJa	2,73	3,37	0,81
pJL	3,12	3,97	0,79
pSch	2,85	4,01	0,71
pJPL	2,49	3,30	0,76
pJBł	2,80	3,69	0,76
pJpP	2,96	3,85	0,77
pJSt	2,71	3,78	0,71
pJSG	2,65	3,71	0,71
pJJa	3,15	3,93	0,80

Analiza różnorodności gatunkowej i równomierności dla zgrupowań roztoczy poszczególnych jaskiń i stanowisk powierzchniowych wskazuje, że zgrupowania Schroniska koło Jaskini Lodowej i Jaskini poniżej Lodowej cechowały się wyższą wartością wskaźnika Shannona H' i Pielou niż zgrupowania stanowisk znajdujących się bezpośrednio przed każdą z jaskiń. W Jaskini poniżej Lodowej również wartość potencjalnej różnorodności zgrupowań roztoczy H_{max} była wyższa niż zgrupowań z bezpośredniego jej otoczenia. Ponadto, zgrupowanie Jaskini Jasnej odznaczało się wyższą wartością wskaźnika równomierności, ale różnica ta była nieznaczna.

Analiza krzywych rarefakcji bogactwa gatunkowego i różnorodności gatunkowej wykazała dysproporcje pomiędzy poszczególnymi stanowiskami.

WYNIKI

Dla większości stanowisk różnice pomiędzy liczbą gatunków w jaskiniach i ich otoczeniu są istotne statystycznie (ryc. 4.3). Nie dotyczy to piętra dolnego Jaskini Lodowej i Jaskini Pod Sokolą Górą. Dla Jaskini Jasnej i Jaskini Pod Sokolą Górą krzywe rarefakcji bogactwa gatunkowego ostro wznoszą się do góry co świadczy o tym, że na stanowiskach tych nie uzyskano większości potencjalnych gatunków. Stwierdzono istotne statystycznie różnice w bogactwie gatunkowym pomiędzy piętrem górnym Jaskini Lodowej oraz jaskiniami znajdującymi się w jego otoczeniu oraz pomiędzy jaskiniami Studnisko i Pod Sokolą Górą. Nie wykazano natomiast takich różnic pomiędzy JLpd, Sch i JPL. Dla wszystkich tych stanowisk, porównywanych w dwóch grupach jaskiń: położonych w Jaroszowcu i w Sokolich Górach, istotne statystycznie były różnice w wartości wskaźnika Shannona H' (ryc. 4.4) W przypadku jaskiń i stanowisk powierzchniowych, krzywe rarefakcji nie wykazały istotnych statystycznie różnic w różnorodności gatunkowej tylko dla Schroniska koło Jaskini Lodowej.

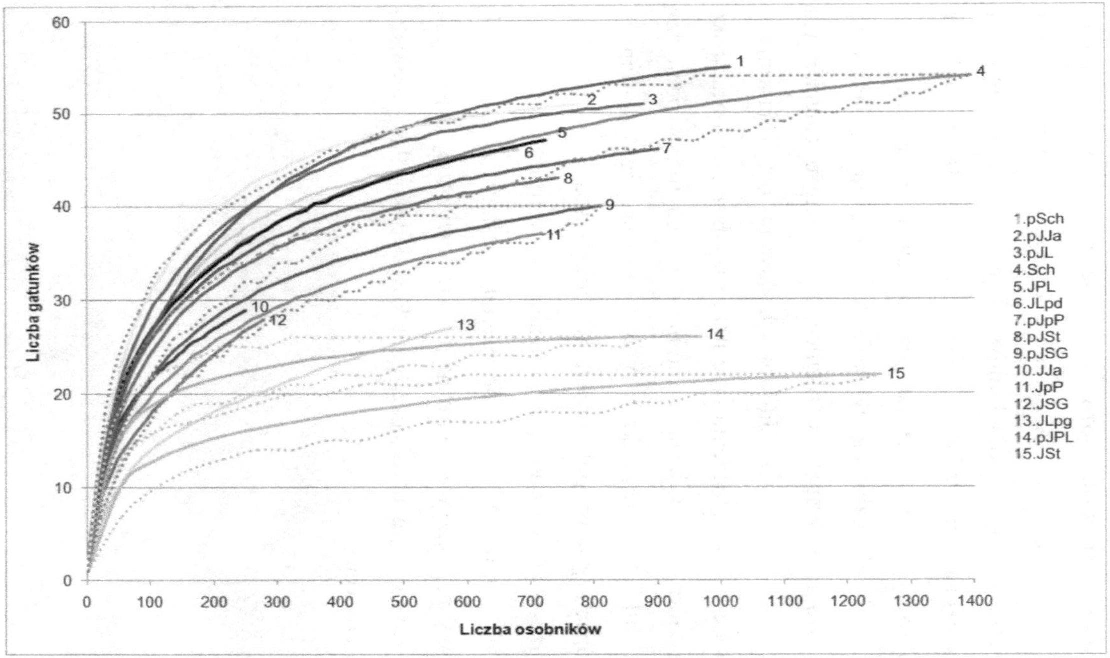

Ryc. 4.3. Krzywe rarefakcji bogactwa gatunkowego stanowisk. Linią przerywaną zaznaczono 95-procentowy przedział ufności (dla lepszej interpretacji wykresu zamieszczono tylko przedziały ufności wybranych stanowisk). Istotność statystyczną określono dla α=0,05.

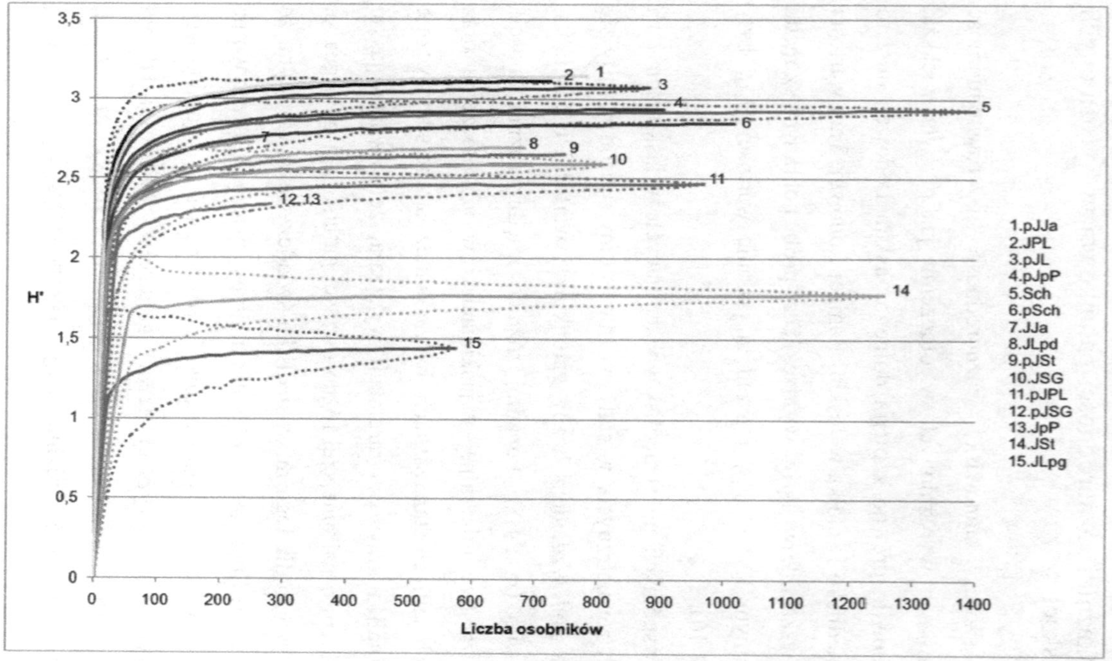

Ryc. 4.4. Krzywe rarefakcji różnorodności gatunkowej Shanonna H' stanowisk. Linią przerywaną zaznaczono 95-procentowy przedział ufności (dla lepszej interpretacji wykresu zamieszczono tylko przedziały ufności wybranych stanowisk). Istotność statystyczną określono dla α=0,05. Krzywa dla JpP pokrywa się z krzywą pJSG.

4.4.2.2. Wskaźniki różnorodności gatunkowej w wyróżnionych mikrosiedliskach

Na większości stanowisk, różnorodność i równomierność w mikrosiedliskach wyróżnionych w otoczeniu jaskiń była większa. Wyjątek stanowiło drewno z piętra dolnego Jaskini Lodowej, oraz to samo mikrosiedlisko i ściółka w Jaskini Poniżej Lodowej. Tam wartości wszystkich wskaźników były wyższe. Dla prób pobranych z mchu w piętrze dolnym J. Lodowej i przed tą jaskinią wartości H_{max} były równe (tab. 4.10).

Spośród wspólnych mikrosiedlisk występujących w jaskiniach i na stanowiskach zewnętrznych, w statystycznie istotny sposób różniły się między sobą pod względem liczby gatunków i wartości H': ściółka, gleba i drewno (ryc. 4.5). Ponadto, różnice między różnorodnością gatunkową warstwy mineralnej w jaskiniach i w ich otoczeniu oraz mchu, na tych samych stanowiskach, były również istotne statystycznie (ryc. 4.6). Analiza krzywych rarefakcji wykazała, że wewnątrz jaskiń mikrosiedliskiem o najmniejszej różnorodności gatunkowej było guano. Przebieg krzywych dla tego mikrosiedliska świadczy również o tym, że pobranie większej ilości osobników nie miałoby znaczącego wpływu na zwiększenie wartości wskaźników różnorodności gatunkowej. Mikrosiedliskiem o najwyższej liczbie gatunków i wartości H' był humus, który różnił się od ściółki, drewna, warstwy mineralnej, namuliska, gleby i guano, a różnice te były istotne statystycznie.

Tab.4.10. Wartości wskaźników H', Hmax i e dla mikrosiedlisk wyróżnionych w jaskiniach i przed jaskiniami oraz wartości średnie; — oznacza brak mikrosiedliska na stanowisku.

	ściółka			humus			warstwa mineralna		
	H	Hmax	e	H	Hmax	e	H	Hmax	e
JLpd	2,37	3,22	0,74	2,11	3,33	0,63	2,05	2,40	0,86
JLpg	0,64	1,79	0,36	1,93	2,77	0,70	1,85	2,64	0,70
pJL	**2,61**	**3,30**	**0,79**	**2,54**	**3,61**	**0,70**	**—**	**—**	**—**
Sch	1,91	2,71	0,71	2,56	3,30	0,78	2,27	3,22	0,70
pSch	**2,10**	**3,30**	**0,64**	**2,75**	**3,69**	**0,75**	**2,95**	**3,56**	**0,83**
JPL	2,38	3,04	0,78	2,53	3,71	0,68	2,19	2,71	0,81
pJPL	**2,03**	**2,57**	**0,79**	**2,81**	**3,76**	**0,75**	**—**	**—**	**—**
JBł	0,00	0,00	0,00	0,00	0,00	0,00	—	—	—
pJBł	**2,12**	**2,94**	**0,72**	**—**	**—**	**—**	**—**	**—**	**—**
JpP	2,06	3,14	0,66	2,14	2,77	0,77	1,96	2,20	0,89
pJpP	**2,33**	**3,09**	**0,75**	**2,85**	**3,64**	**0,78**	**—**	**—**	**—**
JSt	—	—	—	—	—	—	—	—	—
pJSt	**2,67**	**3,43**	**0,78**	**2,44**	**3,37**	**0,72**	**2,31**	**3,22**	**0,72**
JSG	1,83	2,20	0,83	1,46	1,95	0,75	1,34	1,39	0,97
pJSG	**2,62**	**3,37**	**0,78**	**2,17**	**3,33**	**0,65**	**2,30**	**3,22**	**0,71**
JJa	2,13	2,48	0,86	1,77	2,08	0,85	—	—	—
pJJa	**2,25**	**3,00**	**0,75**	**1,93**	**2,57**	**0,75**	**—**	**—**	**—**
				średnia					
jaskinie	1,99	2,70	0,68	2,15	2,95	0,68	2,13	2,73	0,80
przed	**1,98**	**2,69**	**0,68**	**2,13**	**2,90**	**0,69**	**2,14**	**2,77**	**0,79**

Tab.4.10.cd. Wartości wskaźników H', Hmax i e dla mikrosiedlisk wyróżnionych w jaskiniach i przed jaskiniami oraz wartości średnie; — oznacza brak mikrosiedliska na stanowisku.

	namulisko			drewno			mech		
	H	Hmax	e	H	Hmax	e	H	Hmax	e
JLpd	1,83	2,20	0,83	1,94	2,48	0,78	0,97	1,10	0,89
JLpg	—	—	—	0,00	0,00	0,00	—	—	—
pJL	**—**	**—**	**—**	**1,77**	**1,95**	**0,91**	**0,89**	**1,10**	**0,81**
Sch	0,85	1,10	0,77	1,66	2,08	0,80	2,25	2,71	0,83
pSch	**—**	**—**	**—**	**2,05**	**2,64**	**0,78**	**1,56**	**1,61**	**0,97**
JPL	—	—	—	2,25	2,94	0,76	—	—	—
pJPL	**—**	**—**	**—**	**0,85**	**1,39**	**0,61**	**1,73**	**1,95**	**0,89**
JBł	1,20	1,39	0,86	0,00	0,00	0,00	—	—	—
pJBł	**—**	**—**	**—**	**0,00**	**0,00**	**0,00**	**1,55**	**1,61**	**0,96**
JpP	1,08	1,39	0,78	1,47	2,40	0,61	0,56	0,69	0,81
pJpP	**—**	**—**	**—**	**0,00**	**0,00**	**0,00**	**1,36**	**1,79**	**0,76**
JSt	1,89	2,64	0,72	2,03	2,77	0,73	—	—	—
pJSt	**—**	**—**	**—**	**—**	**—**	**—**	**1,87**	**2,08**	**0,90**
JSG	1,90	2,56	0,74	1,82	2,56	0,71	1,45	1,95	0,75
pJSG	**—**	**—**	**—**	**—**	**—**	**—**	**1,89**	**2,08**	**0,91**
JJa	2,49	2,89	0,86	—	—	—	1,99	2,30	0,86
pJJa	**—**	**—**	**—**	**—**	**—**	**—**	**2,69**	**2,94**	**0,91**
				średnia					
jaskinie	1,60	2,02	0,80	1,22	1,63	0,52	1,51	1,75	0,86
przed	**—**	**—**	**—**	**1,16**	**1,56**	**0,49**	**1,65**	**1,90**	**0,86**

Tab.4.10.cd. Wartości wskaźników H', Hmax i e dla mikrosiedlisk wyróżnionych w jaskiniach i przed jaskiniami oraz wartości średnie; — oznacza brak mikrosiedliska na stanowisku.

	kości			guano			gleba		
	H	H_{max}	e	H	H_{max}	e	H	H_{max}	e
JLpd	—	—	—	—	—	—	—	—	—
JLpg	1,15	1,39	0,83	—	—	—	0,45	1,79	0,25
pJL	**—**	**—**	**—**	**—**	**—**	**—**	**2,98**	**3,58**	**0,83**
Sch	—	—	—	—	—	—	—	—	—
pSch	**—**	**—**	**—**	**—**	**—**	**—**			
JPL	0,00	0,00	0,00	—	—	—	1,57	2,08	0,76
pJPL	**—**	**—**	**—**	**—**	**—**	**—**	**2,13**	**2,94**	**0,72**
JBł	0,00	0,00	0,00	0,00	0,00	0,00	1,08	1,10	0,99
pJBł	**—**	**—**	**—**	**—**	**—**	**—**	**2,69**	**3,14**	**0,86**
JpP	0,69	0,69	0,99	—	—	—	—	—	—
pJpP	**—**	**—**	**—**	**—**	**—**	**—**	**2,80**	**3,22**	**0,87**
JSt	0,00	0,00	0,00	0,63	1,61	0,39	—	—	—
pJSt	**—**	**—**	**—**	**—**	**—**	**—**	**2,05**	**2,64**	**0,78**
JSG	—	—	—	—	—	—	—	—	—
pJSG	**—**	**—**	**—**	**—**	**—**	**—**	**2,44**	**2,77**	**0,88**
JJa	—	—	—	—	—	—	1,82	2,48	0,73
pJJa	**—**	**—**	**—**	**—**	**—**	**—**	**3,01**	**3,71**	**0,81**
					średnia				
jaskinie	0,37	0,42	0,36	0,32	0,80	0,20	2,00	2,57	0,77
przed	**—**	**—**	**—**	**—**	**—**	**—**	**2,09**	**2,68**	**0,77**

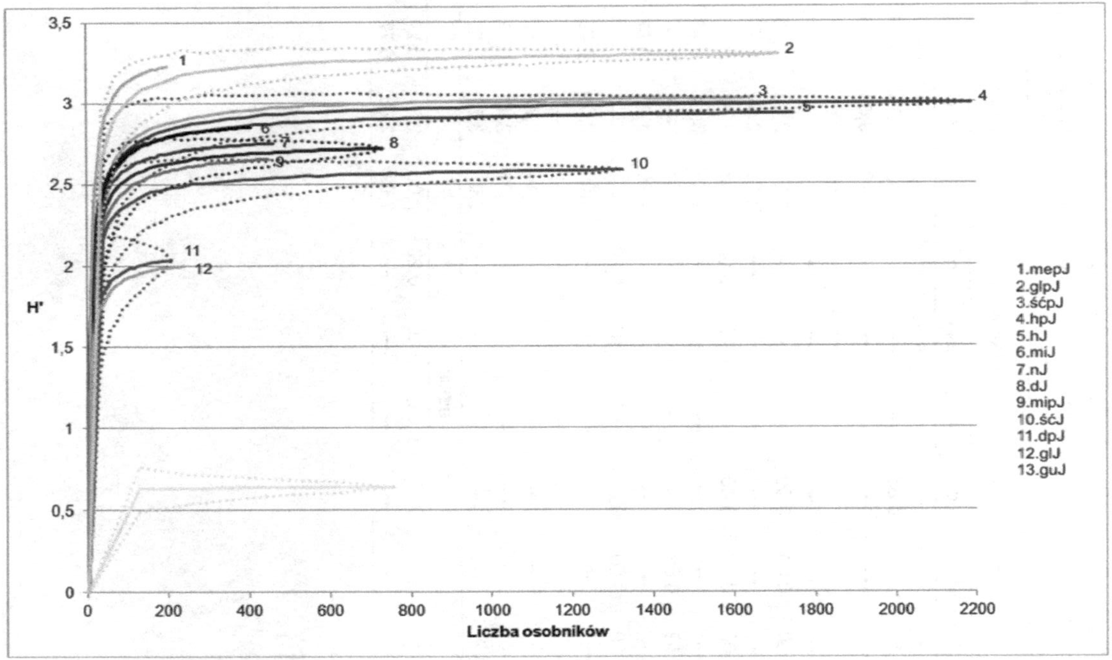

Ryc. 4.5.Krzywe rarefakcji bogactwa gatunkowego mikrosiedlisk wyróżnionych na stanowiskach. Linią przerywaną zaznaczono 95-procentowe przedziały ufności. Krzywa kJ pokrywa się z krzywą glJ.

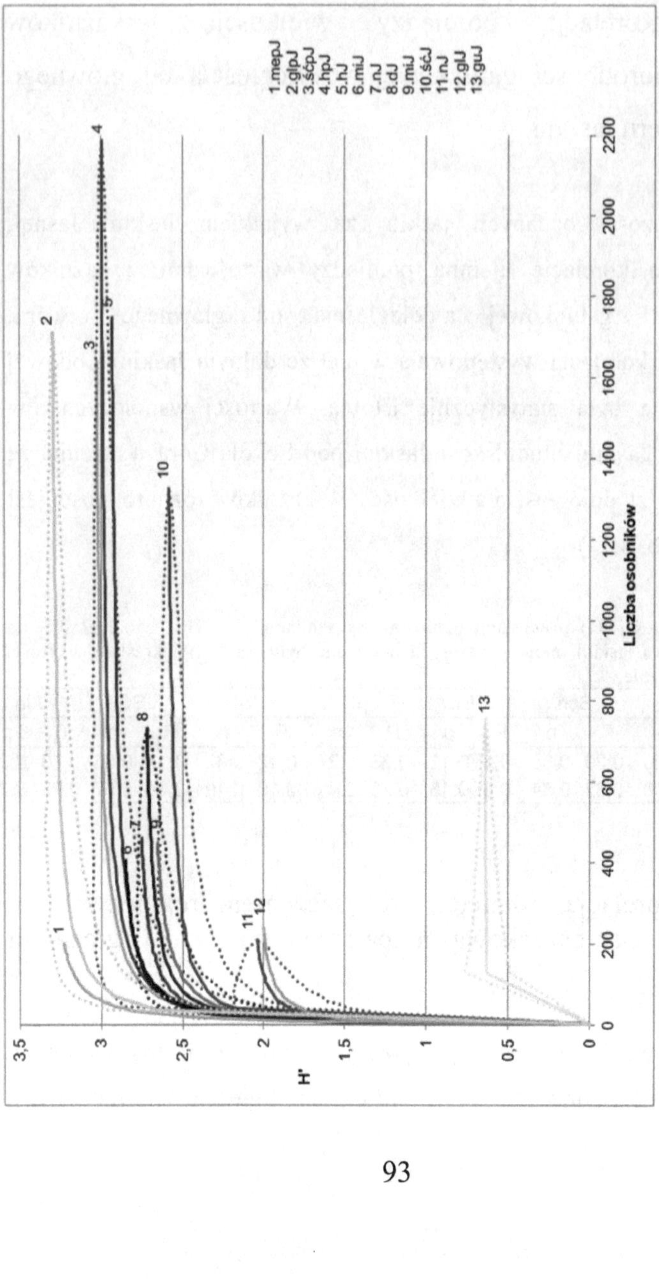

Ryc. 4.6. Krzywe rarefakcji różnorodności gatunkowej Shannona H' mikrosiedlisk wyróżnionych na stanowiskach. Linią przerywaną zaznaczono 95-procentowe przedziały ufności. Krzywa kJ pokrywa się z glJ.

4.4.2.3. Korelacja pomiędzy wielkością wskaźników różnorodności gatunkowej a odległością od głównego otworu jaskini

W większości badanych jaskiń, za wyjątkiem Jaskini Jasnej, obserwowano korelację ujemną pomiędzy wartościami wskaźników różnorodności gatunkowej a odległością od głównego otworu. Najsilniejsza korelacja występowała w piętrze dolnym Jaskini Lodowej i zależność ta była statystycznie istotna. Wartości współczynników korelacji dla Jaskini Studnisko i Jaskini pod Sokolą Górą wskazują, że związek między odległością a wielkością wskaźników różnorodności jest niewielki (tab. 4.11)

Tab. 4.11. Wartości R i p korelacji pomiędzy wskaźnikami H' i H_{max} a odległością od głównego otworu jaskini miejsc, z których pobierane były próby. Podkreślono wartości istotne statystycznie.

	JLpd		Sch		JPL		JpP		JSt		JSG		JJa	
	R	p	R	p	R	p	R	p	R	p	R	p	R	p
H'	-0,79	<u>0,00</u>	-0,29	0,38	-0,6	0,12	-0,33	0,27	-0,12	0,62	-0,15	0,55	0,20	0,39
H_{max}	-0,83	<u>0,00</u>	-0,32	0,34	-0,6	0,15	-0,25	0,41	-0,16	0,49	-0,14	0,57	0,26	0,26

4.4.2.4. Korelacja pomiędzy zagęszczeniem roztoczy i ich różnorodnością gatunkową a parametrami morfologicznymi jaskiń

Silna korelacja ujemna występowała pomiędzy liczbą gatunków i długością jaskini oraz między H' a długością i głębokością (tab. 4.12).

Jedynie zagęszczenie roztoczy było dodatnio skorelowane z głębokością, jednak nie była to zależność istotna statystycznie. Zróżnicowanie przestrzene jaskini, wyrażone przez deniwelację nie miało istotnego wpływu na parametry określające zgrupowania badanych roztoczy.

Tab. 4.12. Wartości R i p korelacji pomiędzy zagęszczeniem, liczbą gatunków i H' a długością i głębokością jaskiń. Podkreślono wartości istotne statystycznie.

	długość		głębokość		deniwelacja	
	R	p	R	p	R	p
zagęszczenie	-0,25	0,59	0,14	0,76	-0,04	0,94
H'	-0,71	0,07	-0,86	0,01	-0,32	0,48
liczba gatunków	-0,86	0,01	-0,64	0,12	-0,46	0,29

4.4.3. Rozkład bogactwa gatunkowego

Krzywe rang liczebności gatunków wykreślone dla jaskiń różnią się między sobą (ryc. 4.7). Na stanowiskach przed jaskiniami (ryc. 4.8) są do siebie zbliżone. Najbardziej ostry przebieg w początkowym odcinku ma krzywa wykreślona dla piętra górnego Jaskini Lodowej a najłagodniejszy dla Jaskini poniżej Lodowej.

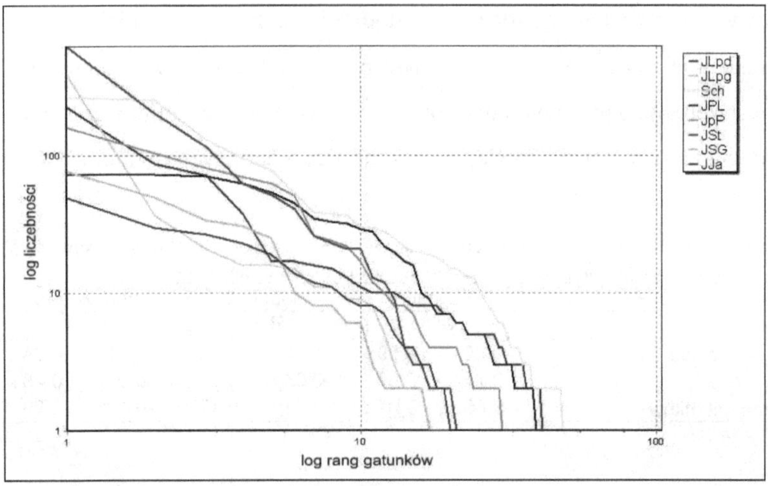

Ryc. 4.7. Krzywe znaczenia gatunków dla jaskiń.

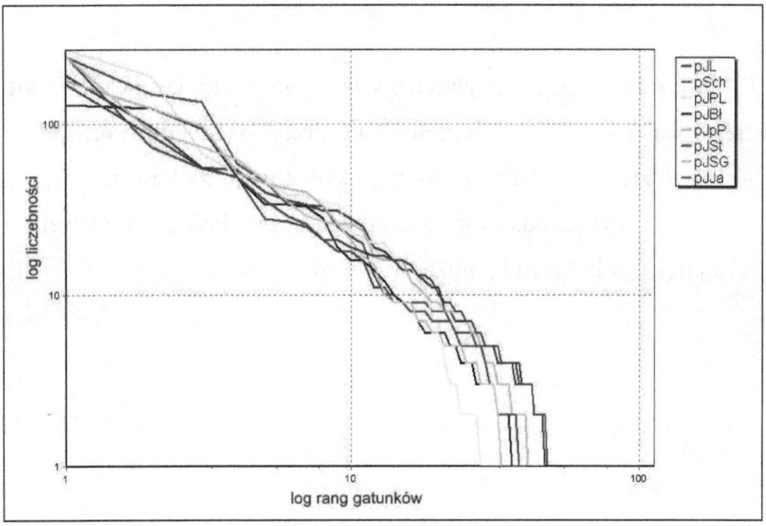

Ryc. 4.8. Krzywe znaczenia gatunków dla stanowisk zewnętrznych.

4.4.4. Udział procentowy rodzin Gamasina

Spośród trzynastu rodzin, których przedstawicieli znaleziono w jaskiniach, pięć osiągnęło wartości wskaźnika dominacji większe niż 10% (tab. 4.13).

Tab. 4.13. Udział procentowy Gamasina w badanych jaskiniach.

Rodzina	%
Ascidae	13,27
Ameroseiidae	13,00
Veigaiidae	12,53
Halolaelapidae	11,82
Rhodacaridae	10,46
Parasitidae	9,60
Zerconidae	8,99
Pachylaelapidae	5,11
Macrochelidae	4,24
Digamasellidae	3,35
Laelapidae	3,25
Eviphididae	2,81
Phytoseiidae	1,57

W badanych jaskiniach nie stwierdzono jednej dominującej rodziny. W dwóch z nich – piętrze dolnym J. Lodowej i Jaskini pod Sokolą Górą, najwyższą liczebność osiągnęły roztocze z rodziny Halolaelapidae (ryc. 4.9 i 4.15). Roztocze Ameroseiidae, były najliczniejsze w piętrze górnym J. Lodowej i Schronisku koło J.Lodowej (ryc. 4.10). W Jaskini Studnisko dominowały roztocze Rhodacaridae (ryc. 4.14) a w Jaskini Jasnej – Ascidae (ryc. 4.16). Na stanowiskach położonych w najbliższym otoczeniu jaskiń, dominowały roztocze Zerconidae i Veigaiidae. Roztocze z tych rodzin, osiągnęły również najwyższą liczebność w J. poniżej Lodowej (ryc. 4.11) i w J. pod Porzeczką (ryc. 4.13). Udział procentowy rodzin przed Jaskinią Błotną przedstawiono na ryc. 4.12.

Skład rodzin w Jaskini Lodowej i przed tą jaskinią był taki sam, jednak liczebność tych rodzin była różna. Na pozostałych stanowiskach udział rodzin w jaskiniach i ich otoczeniu różnił się. W siedliskach: J. Studnisko i J. pod Sokolą Górą wyłącznie w jaskiniach występowały roztocze Rhodacaridae, a w J. pod Porzeczką i J. poniżej Lodowej– Halolaelapidae. Ponadto wyłącznie w J. poniżej Lodowej występowały roztocze Macrochelidae, które znaleziono także w J. Jasnej ale nie stwierdzono ich w jej otoczeniu. Przed Schroniskiem koło J. Lodowej nie występowały rodziny: Eviphididae i Phytoseiidae. W żadnej z jaskiń nie występowały roztocze Epicriidae. Stwierdzono je jedynie na jednym stanowisku: przed Jaskinią Jasną gdzie stanowiły 0,13% ogólnej liczebności.

Największą liczebność (w piętrze górnym Jaskini Lodowej) osiągnęły roztocze z rodziny Ameroseiidae.

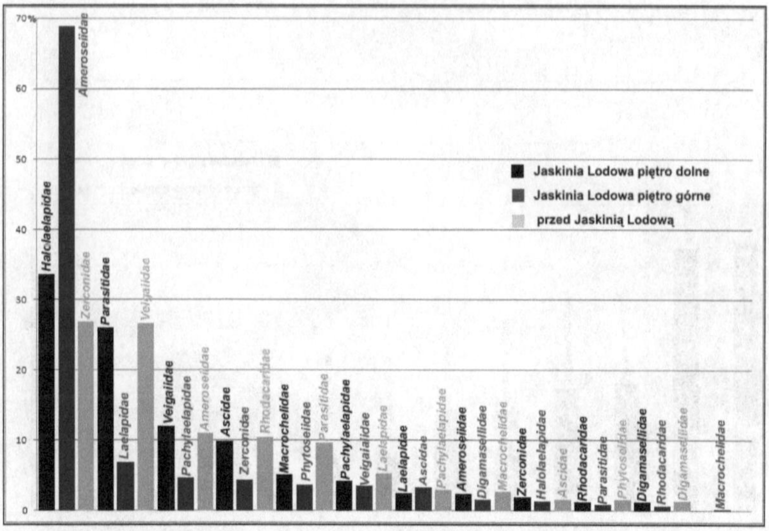

Ryc. 4.9. Udział procentowy rodzin w Jaskini Lodowej i jej otoczeniu.

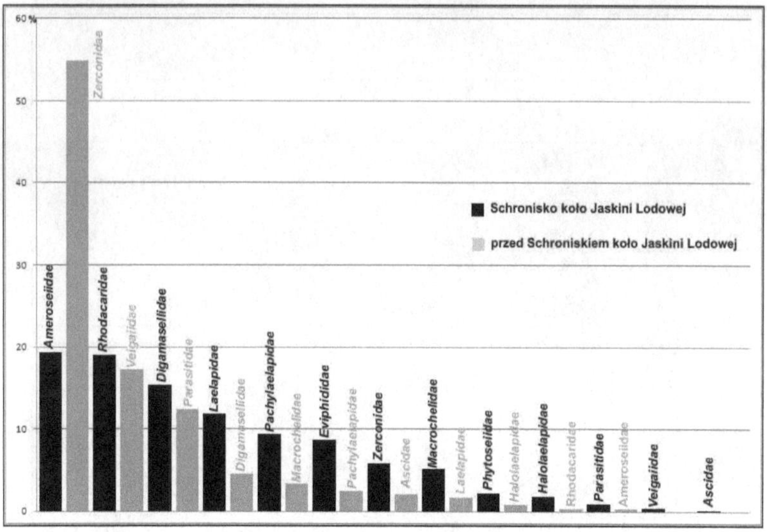

Ryc. 4.10. Udział procentowy rodzin w Schronisku koło Jaskini Lodowej i jego otoczeniu.

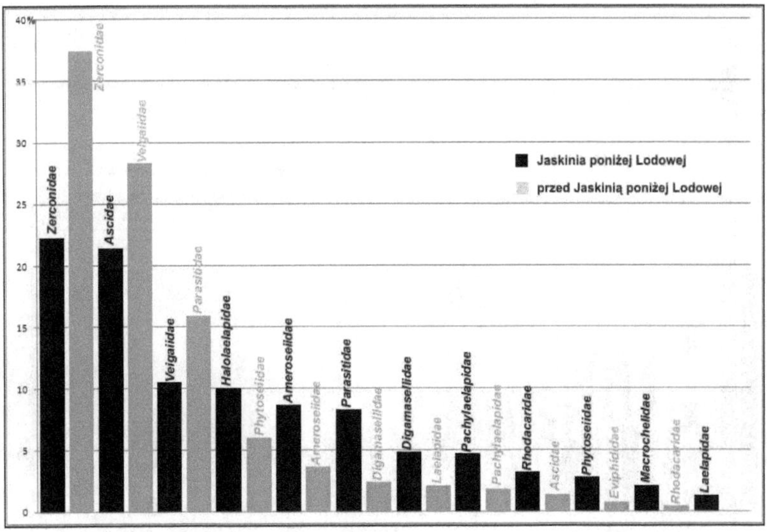

Ryc. 4.11. Udział procentowy rodzin w Jaskini poniżej Lodowej i jej otoczeniu.

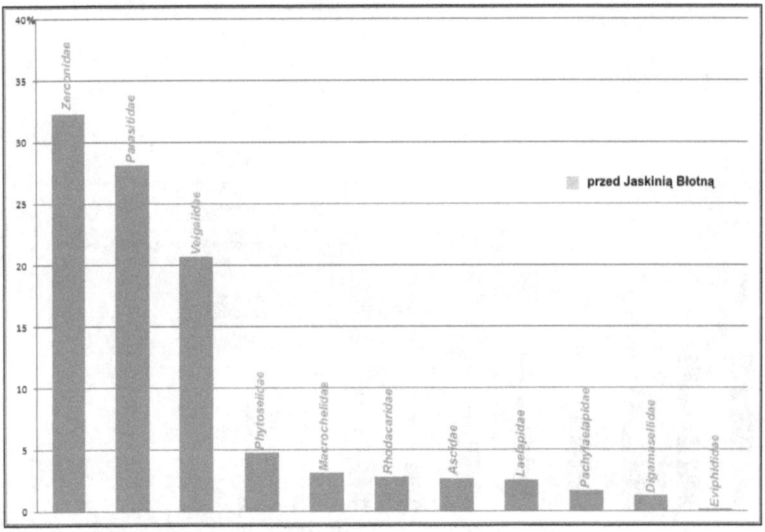

Ryc. 4.12. Udział procentowy rodzin przed Jaskinią Błotną.

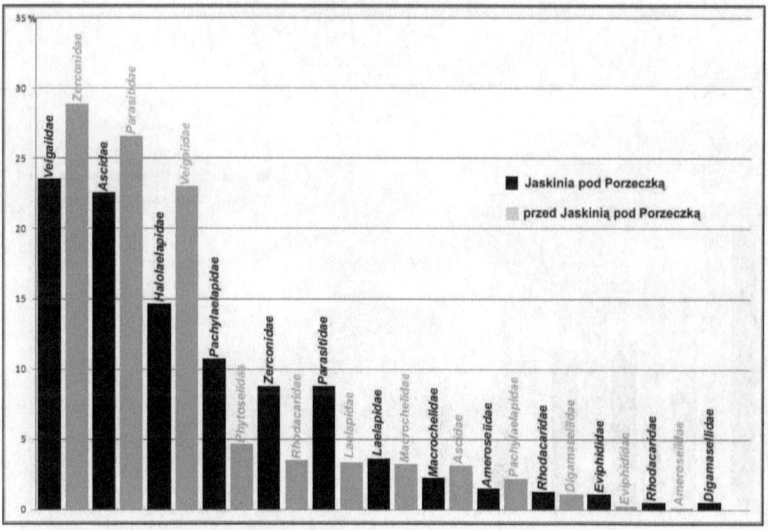

Ryc. 4.13. Udział procentowy rodzin w Jaskini pod Porzeczką i jej otoczeniu.

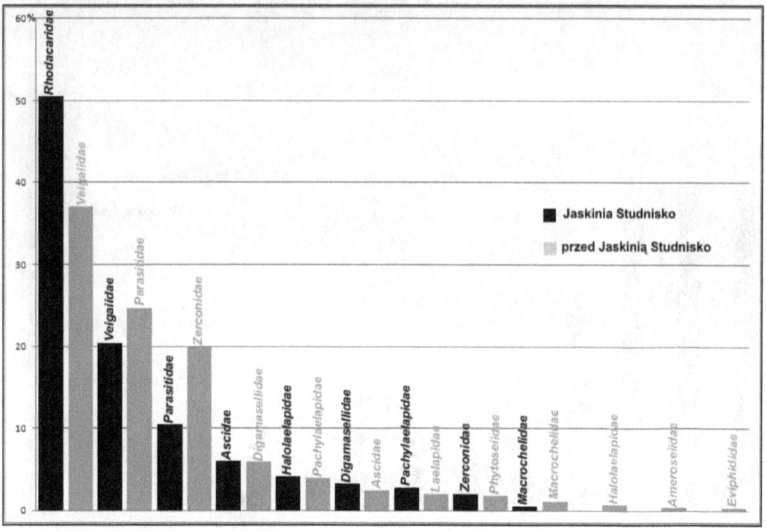

Ryc. 4.14. Udział procentowy rodzin w Jaskini Studnisko i jej otoczeniu.

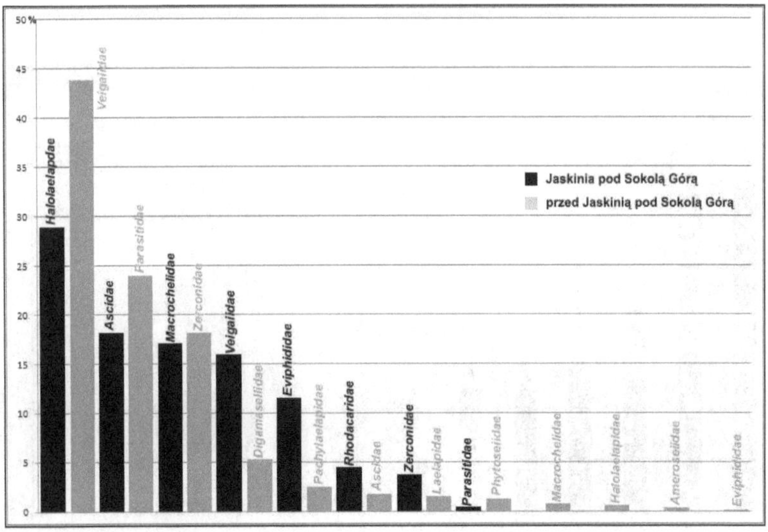

Ryc. 4.15. Udział procentowy rodzin w Jaskini pod Sokolą Górą i jej otoczeniu.

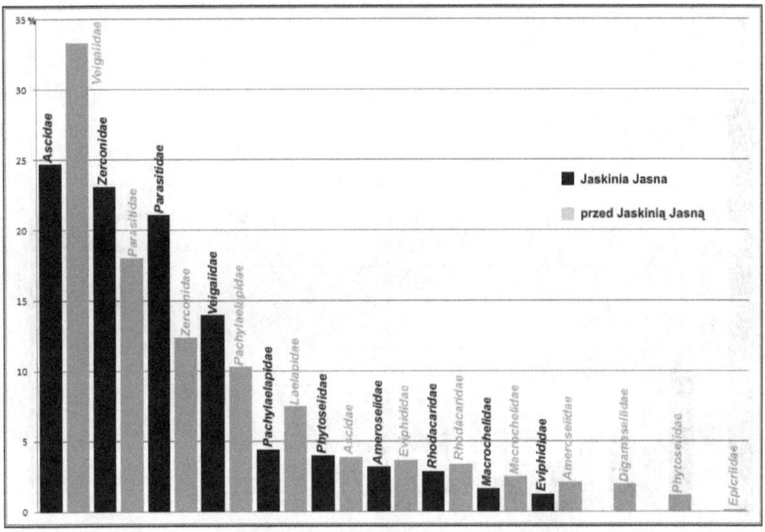

Ryc. 4.16. Udział procentowy rodzin w Jaskini Jasnej i jej otoczeniu.

4.4.5. Struktura dominacji i stałości wyróżnionych zgrupowań

Na stanowiskach powierzchniowych wysoką liczebność i stałość osiągnęła *Veigaia nemorensis*, zaliczona do klasy superdominantów i eukonstantów w zgrupowaniu roztoczy przed Jaskinią Studnisko (ryc. 4.27). Gatunek ten na tym stanowisku i przed Jaskinią pod Sokolą Górą, zaklasyfikowano do klasy C_4 (ryc. 4.28 i ryc. 4.30). W otoczeniu Jaskini pod Sokolą Górą, *V. nemorensis* zaliczono do klasy D_5 (ryc. 4.29). W zgrupowanich jaskiń nie stwierdzono wspólnego dominanta. Na stanowiskach zewnętrznych struktura dominacji charakteryzowała się większą liczbą gatunków zaliczanych do klasy subrecedentów (D_1) niż w odpowiadających im jaskiniach.

W Jaskini Lodowej do klasy superdominantów należały: *Saprosecans sp.* w piętrze dolnym i *Ameroseius furcatus* w piętrze górnym (ryc. 4.17). Gatunki te występowały również w tych siedliskach z najwyższą stałością (ryc. 4.18).

W Schronisku koło Jaskini Lodowej najwyższą dominacją i stałością odznaczał się *Saprosecans sp.* (ryc. 4.19 i 4.20). Do klasy D_5 zaliczone zostały także *Veigaia nemorensis* i *Ameroseius furcatus*. W jaskiniach: pod Porzeczką i poniżej Lodowej najliczniej występował *Proctolaelaps pygmaeus* (ryc. 4.25 i 4.21). Na tych stanowiskach gatunek ten zaliczony został do klasy C_2 (ryc. 4.26 i 4.22). W Jaskini Jasnej do klasy D_5 zaklasyfikowano 3 gatunki: *Zercon berlesei*, *Hypoaspis aculeifer* i *Veigaia nemorensis* (ryc. 4.31). Dwa spośród nich: *Z. berlesei* i *V. nemorensis* zaliczono do klasy gatunków akcesorycznych (ryc. 4.32).

Struktura dominacji była zaburzona w piętrze górnym J. Lodowej, gdzie stwierdzono brak klasy eudominantów, a w zgrupowaniu Jaskini pod Sokolą Górą najwyższą klasą dominacji była klasa D_4. W jaskiniach, gatunki występowały z niską częstością i w żadnej z nich, nie stwierdzono wyższych klas stałości niż C_2. Przed dwoma jaskiniami: Studnisko i pod Sokolą Górą, znaleziono konstanty jednak brak było gatunków należących do klasy C_3. Na pozostałych stanowiskach struktura stałości była niezaburzona.

Strukturę dominacji zgrupowań roztoczy przed J. Błotną, charakteryzuje duża liczba (25) gatunków zaliczonych do klasy subrecedentów, tworząca tzw. „ogon rozkładu" (ryc. 4.23). Na stanowisku tym stwierdzono również 32 gatunki akcesoryczne (ryc. 4.24).

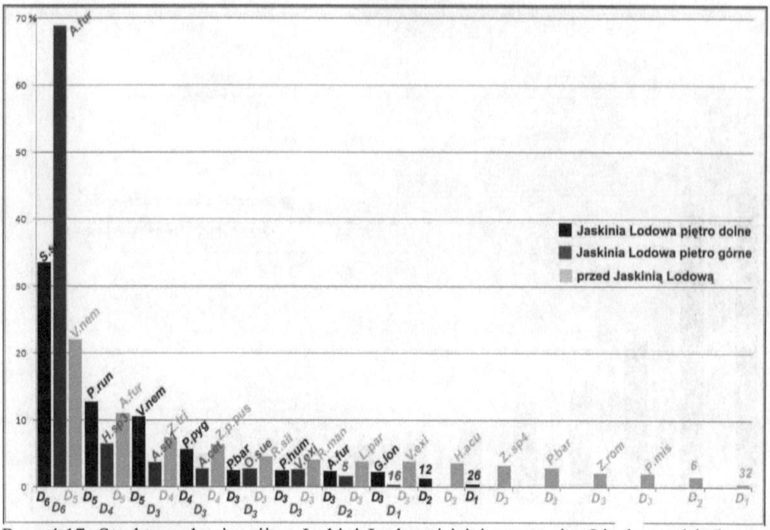

Ryc. 4.17. Struktura dominacji w Jaskini Lodowej i jej otoczeniu. Liczby nad kolumnami oznaczają liczbę gatunków.

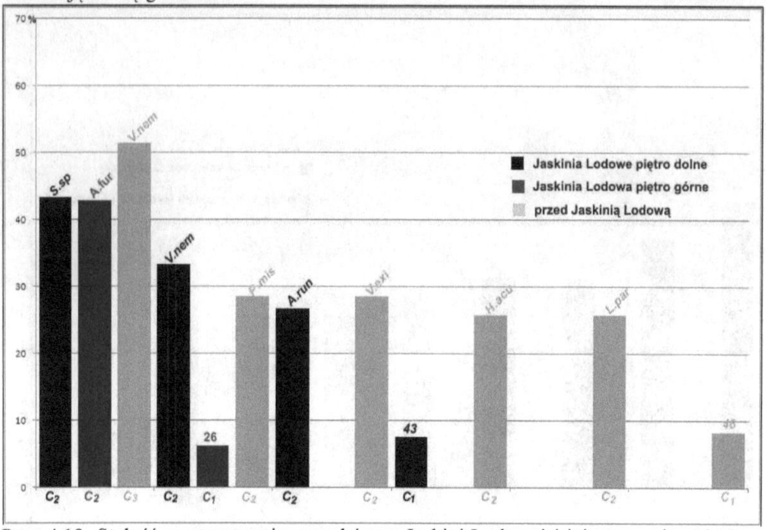

Ryc. 4.18. Stałość występowania gatunków w Jaskini Lodowej i jej otoczeniu. Liczby nad kolumnami oznaczają liiczbę gatunków.

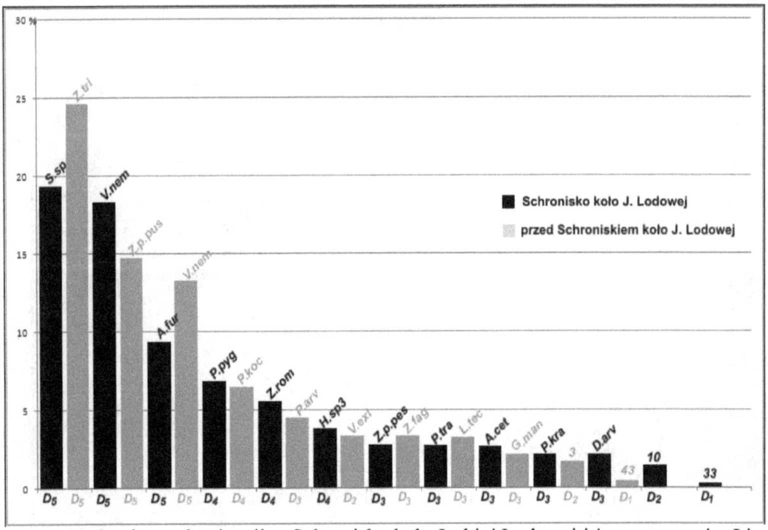

Ryc. 4.19. Struktura dominacji w Schronisku koło Jaskini Lodowej i jego otoczeniu. Liczby nad kolumnami oznaczają liczbę gatunków.

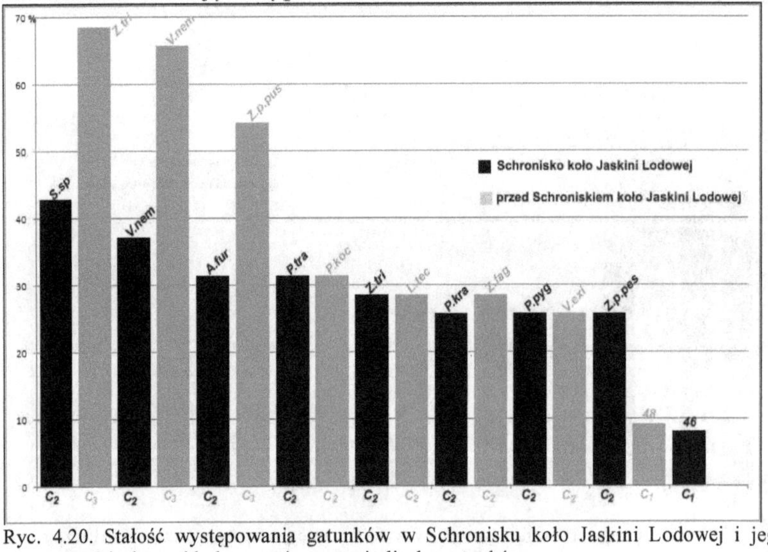

Ryc. 4.20. Stałość występowania gatunków w Schronisku koło Jaskini Lodowej i jego otoczeniu. Liczby nad kolumnami oznaczają liczbę gatunków.

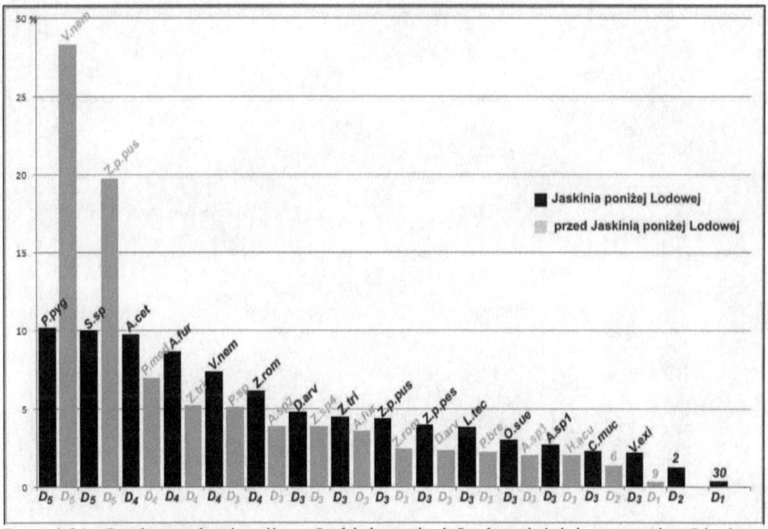

Ryc. 4.21. Struktura dominacji w Jaskini poniżej Lodowej i jej otoczeniu. Liczby nad kolumnami oznaczają liczbę gatunków.

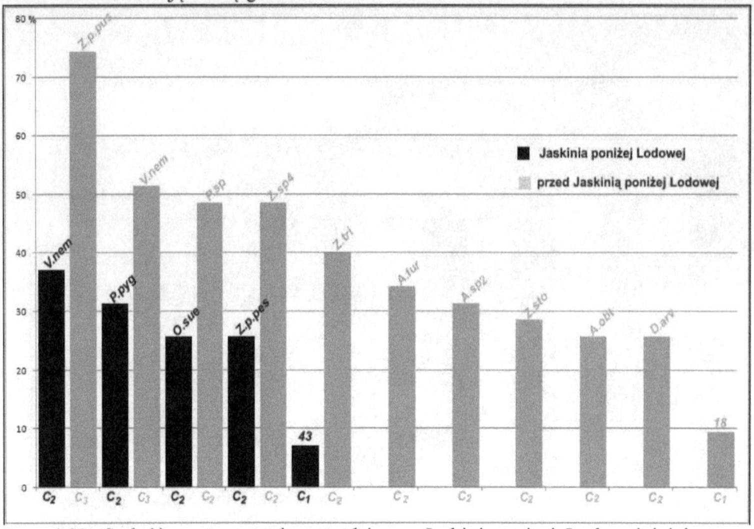

Ryc. 4.22. Stałość występowania gatunków w Jaskini poniżej Lodowej i jej otoczeniu. Liczby nad kolumnami oznaczają liczbę gatunków.

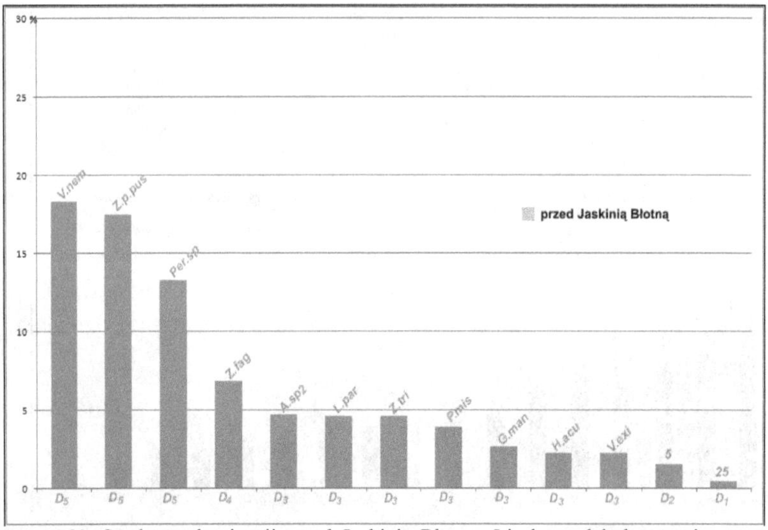

Ryc. 4.23. Struktura dominacji przed Jaskinią Błotną. Liczby nad kolumnami oznaczają liczbę gatunków.

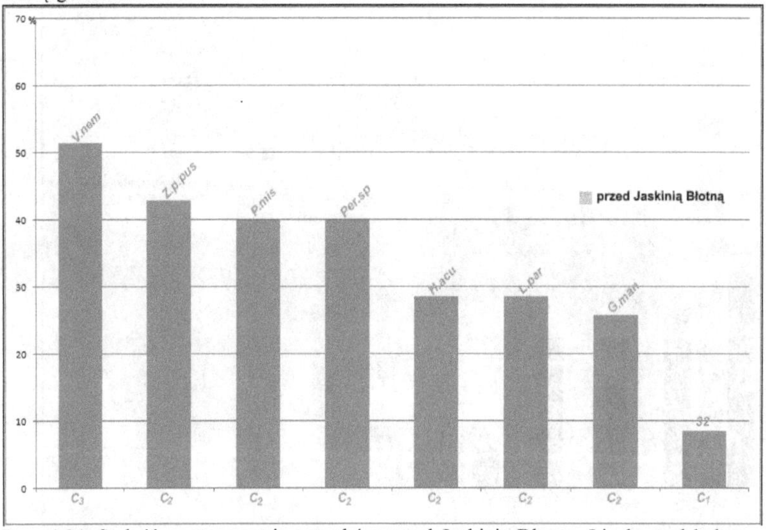

Ryc. 4.24. Stałość występowania gatunków przed Jaskinią Błotną. Liczby nad kolumnami oznaczają liczbę gatunków.

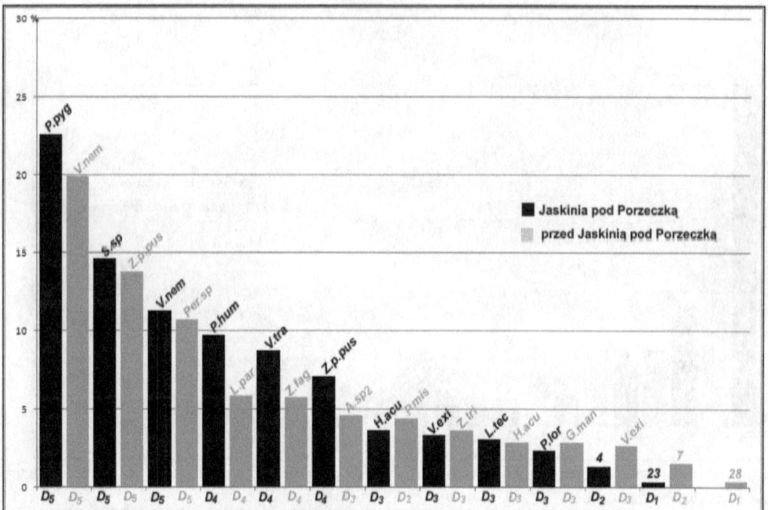

Ryc. 4.25. Struktura dominacji w Jaskini pod Porzeczką i jej otoczeniu. Liczby nad kolumnami oznaczają liczbę gatunków.

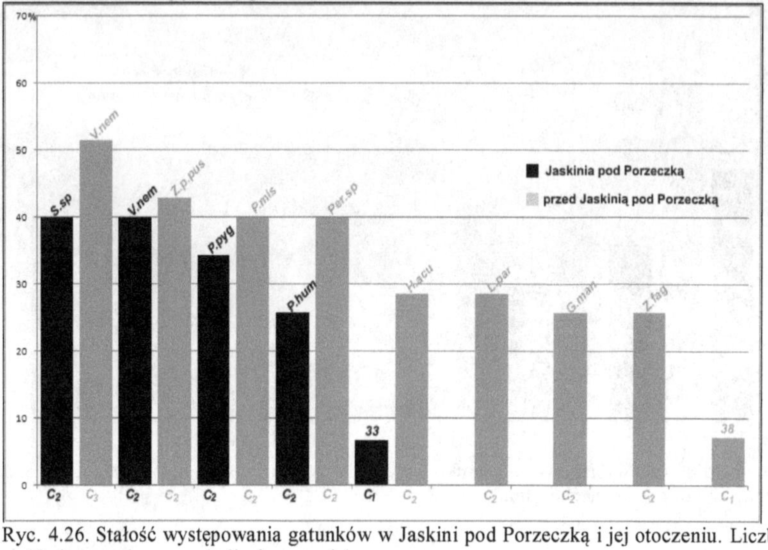

Ryc. 4.26. Stałość występowania gatunków w Jaskini pod Porzeczką i jej otoczeniu. Liczby nad kolumnami oznaczają liczbę gatunków.

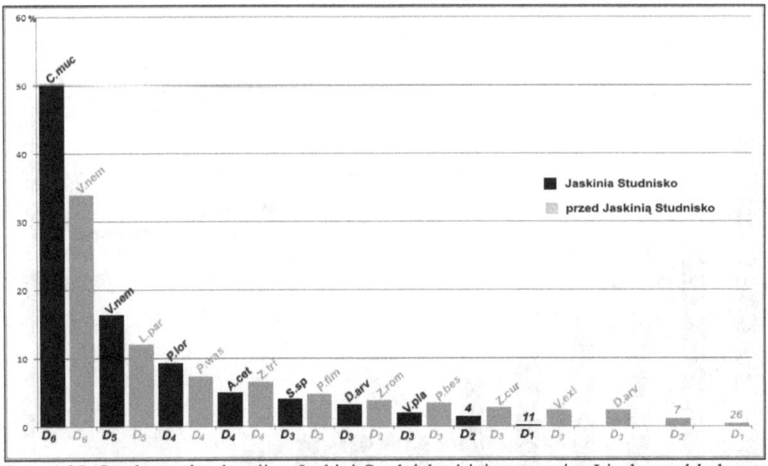

Ryc. 4.27. Struktura dominacji w Jaskini Studnisko i jej otoczeniu. Liczby nad kolumnami oznaczają liczbę gatunków.

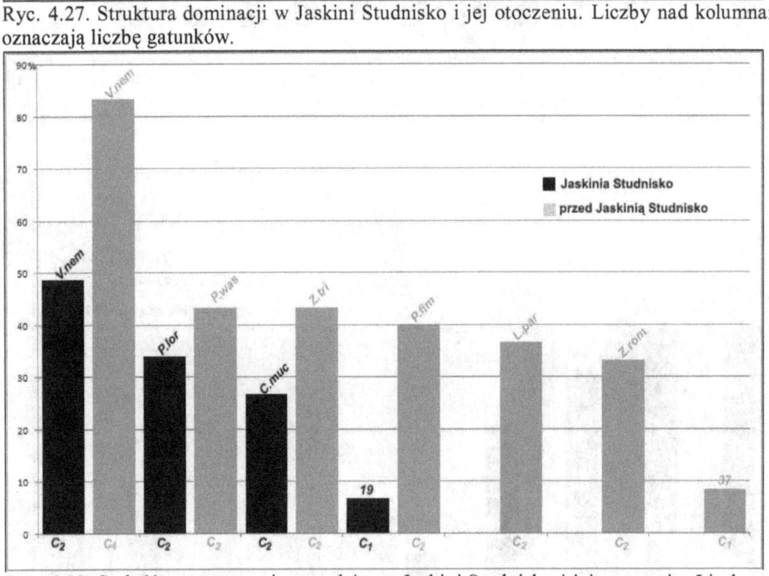

Ryc. 4.28. Stałość występowania gatunków w Jaskini Studnisko i jej otoczeniu. Liczby nad kolumnami oznaczają liczbę gatunków.

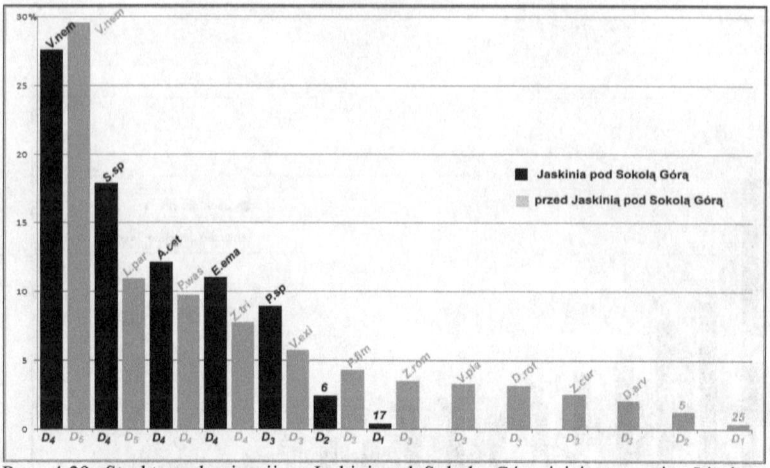

Ryc. 4.29. Struktura dominacji w Jaskini pod Sokolą Górą i jej otoczeniu. Liczby nad kolumnami oznaczają liczbę gatunków.

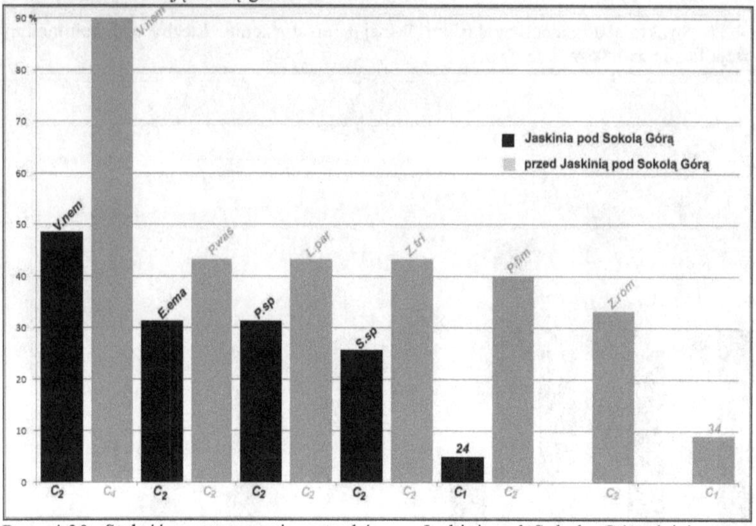

Ryc. 4.30. Stałość występowania gatunków w Jaskini pod Sokolą Górą i jej otoczeniu. Liczby nad kolumnami oznaczają liczbę gatunków.

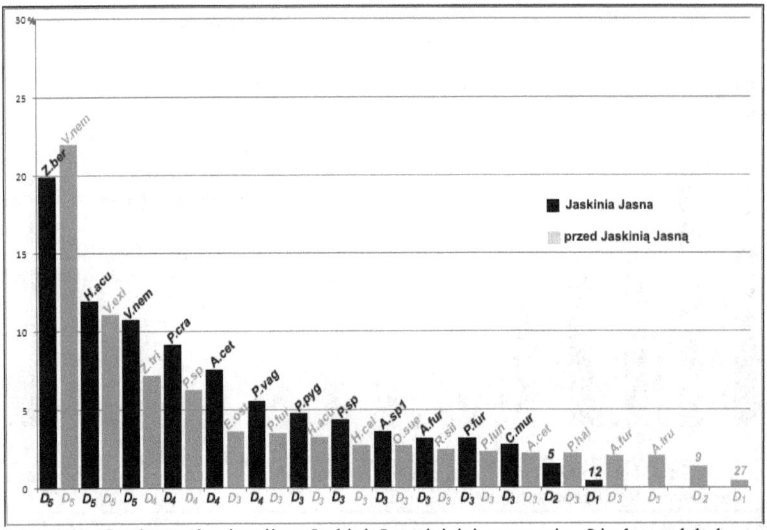

Ryc. 4.31. Struktura dominacji w Jaskini Jasnej i jej otoczeniu. Liczby nad kolumnami oznaczają liczbę gatunków.

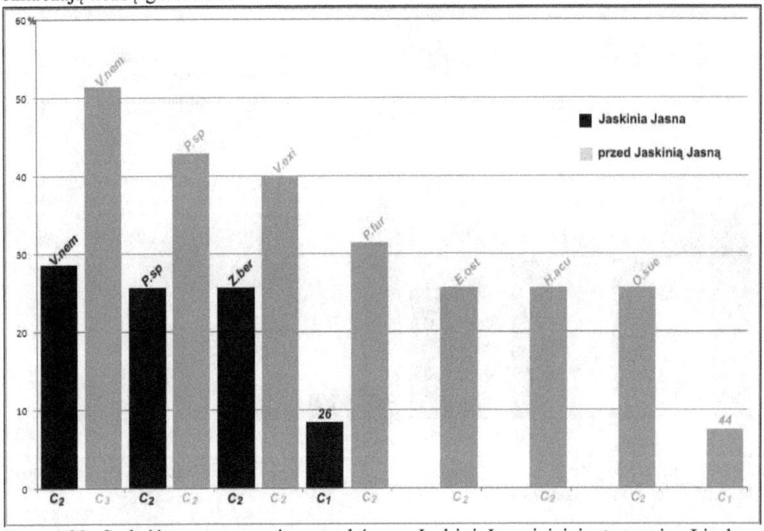

Ryc. 4.32. Stałość występowania gatunków w Jaskini Jasnej i jej otoczeniu. Liczby nad kolumnami oznaczają liczbę gatunków.

4.4.5.1. Porównanie struktury dominacji i stałości zgrupowań roztoczy

Dla większości porównywanych zgrupowań wartości liczb Renkonena i Kulczyńskiego były niskie, co świadczy o małym podobieństwie dominacji i stałości tych siedlisk. Największe różnice w stosunkach dominacyjnych odnotowano pomiędzy piętrem dolnym i górnym Jaskini Lodowej. Najbardziej podobne do siebie pod względem dominacji i stałości występowania gatunków, były jaskinie: Schronisko koło Jaskini Lodowej i Jaskinia poniżej Lodowej (tab. 4.14).

Tab. 4.14. Zestawienie wartości liczb Renkonena (*Re*) i Kulczyńskiego (*Ku*) na badanych stanowiskach.

zespoły	Re	Ku
JLpd – pJL	25,85	34,76
JLpg – pJL	19,88	26,63
Sch – pSch	33,13	33,58
JPL – pJPL	31,10	28,35
JpP – pJpP	27,23	27,08
JSt – pJSt	21,51	22,81
JSG – pJSG	32,88	29,29
JJa – pJa	39,07	39,94
JLpd – JLpg	10,88	27,11
JLpd – Sch	35,16	44,68
JLpd – JPL	27,42	45,27
Sch – JPL	58,60	55,58
JSt – JSG	27,95	29,58

4.6. Klasyfikacja hierarchiczna

4.6.1. Klasyfikacja stanowisk

Analiza dendrogramów sporządzonych przy pomocy współczynnika Sørensena, wskazała na różnice w składzie gatunkowym między zgrupowaniami jaskiń a zgrupowaniami stanowisk powierzchniowych. Na wykresie UPGMA (ryc. 4.33) pierwsza linia podziału pozwala na wyodrębnienie 2 grup: do pierwszej należą Jaskinie Studnisko i pod Sokolą Górą a do drugiej– pozostałe stanowiska. Kolejny podział wskazuje na wyraźne podobieństwo pomiędzy stanowiskami przed jaskiniami a Jaskinią Jasną. Wartości współczynnika Sørensena są dla większości stanowisk niskie, co świadczy o odmiennym charakterze każdego z nich. Dendrogram sporządzony według metody Warda (ryc. 4.34) podkreśla podział na dwie odmienne grupy stanowisk: jaskinie i stanowiska zewnętrzne wraz z Jaskinią Jasną. Z obydwu dendrogramów wynika, że wyodrębnione klastry są wewnętrznie zróżnicowane.

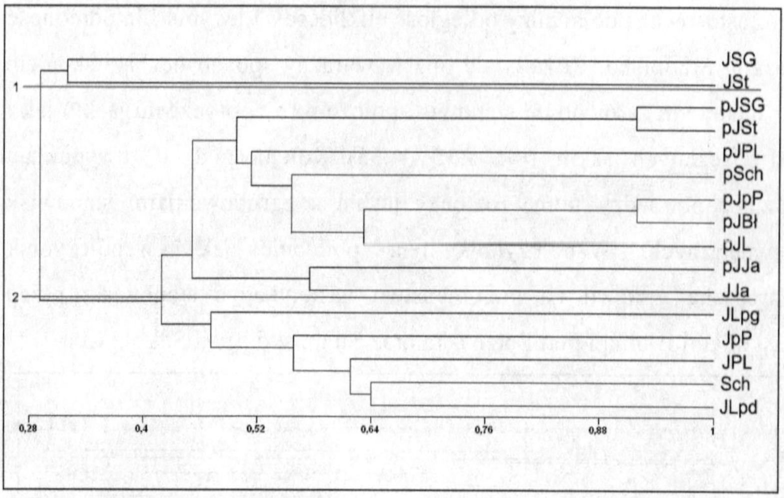

Ryc. 4. 33. Porównanie stanowisk przy użyciu współczynnika Sørensena (metoda UPGMA). 1, 2 – główne linie podziału.

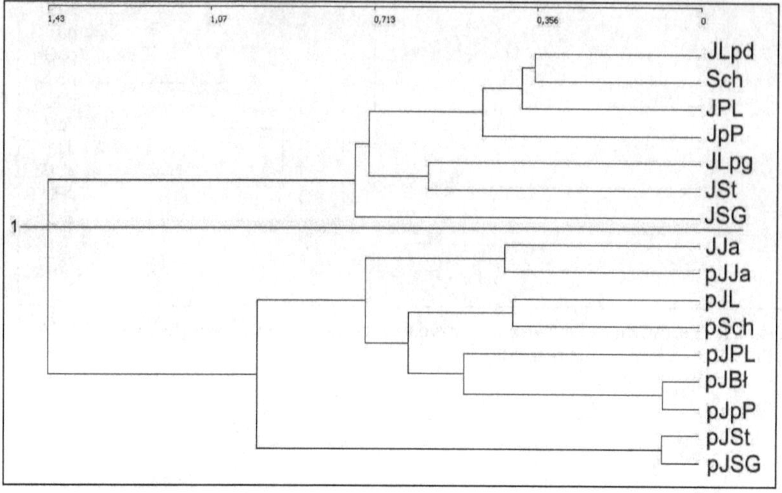

Ryc.4.34. Porównanie stanowisk przy użyciu współczynnika Sørensena (metoda Warda). 1 – główna linia podziału.

Zastosowana do analizy odległość euklidesowa uwypukliła odrębność Jaskini Studnisko. Różniła się ona w wyraźny sposób liczbą i składem gatunkowym zarówno od stanowisk położonych w otoczeniu jaskiń jak i od pozostałych jaskiń. (ryc. 4.35 i 4.36). Kolejne podziały uwypuklają różnice pomiędzy fauną roztoczy jaskiń a zgrupowaniami stanowisk zewnętrznych. Współczynnik ten, podobnie jak i współczynnik Sørensena wskazał na podobieństwo następującyh stanowisk: przed Jaskiniami Błotną i pod Porzeczką oraz Studnisko i pod Sokolą Górą.

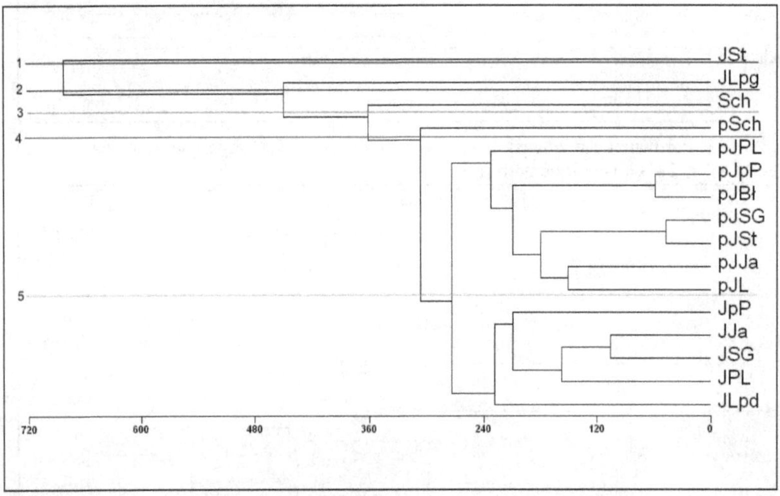

Ryc. 4.35. Porównanie stanowisk przy użyciu odległości euklidesowej (metoda UPGMA). 1, 2, 3, 4, 5 – główne linie podziału.

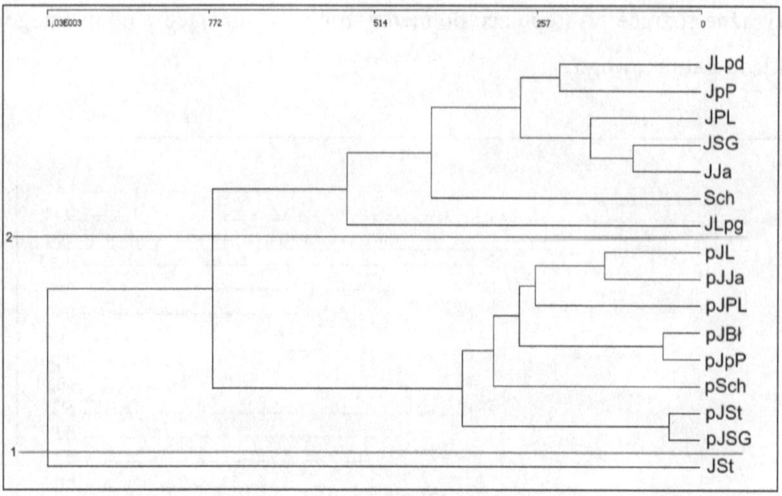

Ryc. 4. 36. Porównanie stanowisk przy użyciu odległości euklidesowej (metoda Warda). 1,2 – główne linie podziału.

4.6.2. Klasyfikacja mikrosiedlisk

Wartości współczynnika Sørensena pozwoliły podzielić mikrosiedliska i wyodrębnić grupy najbardziej do siebie podobne. Mikrosiedliskami, które w największym stopniu różniły się od pozostałych były guano i kości. Świadczą o tym niskie wartości współczynnika Sørensena (UPGMA) (ryc. 4.37) i duża wartość odległości na dendrogramie Warda (ryc. 4.38). Dalsze podziały pozwoliły wyodrębnić klastry, w których znalazły się tylko mikrosiedliska jaskiniowe i te wyróżnione na stanowiskach zewnętrznych. Mimo iż niektóre z nich, tj. ściółka, mech czy drewno były wspólne dla obu grup stanowisk, dendrogramy wskazały na wyraźne różnice występujące pomiędzy nimi, wynikające z odmiennego składu gatunkowego.

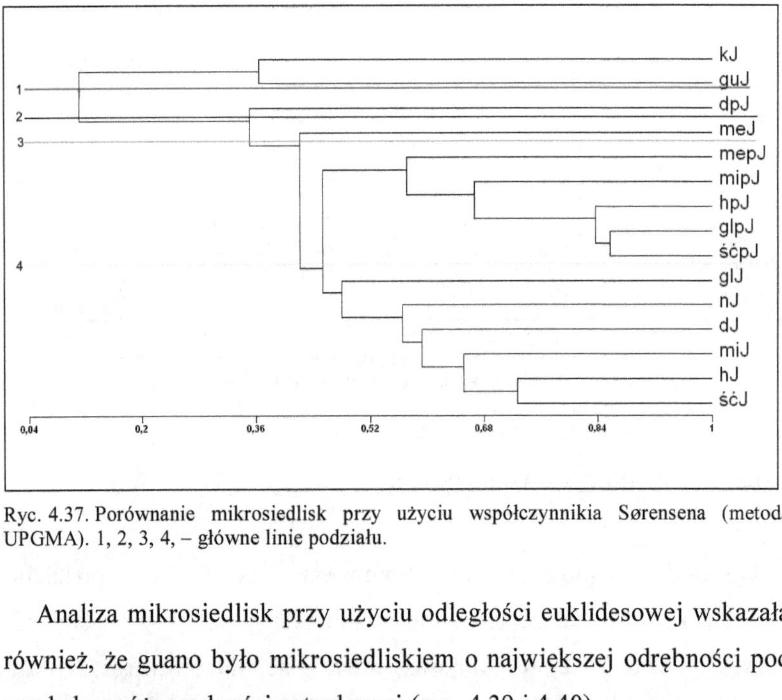

Ryc. 4.37. Porównanie mikrosiedlisk przy użyciu współczynnikia Sørensena (metoda UPGMA). 1, 2, 3, 4, – główne linie podziału.

Analiza mikrosiedlisk przy użyciu odległości euklidesowej wskazała również, że guano było mikrosiedliskiem o największej odrębności pod względem różnorodności gatunkowej (ryc. 4.39 i 4.40).

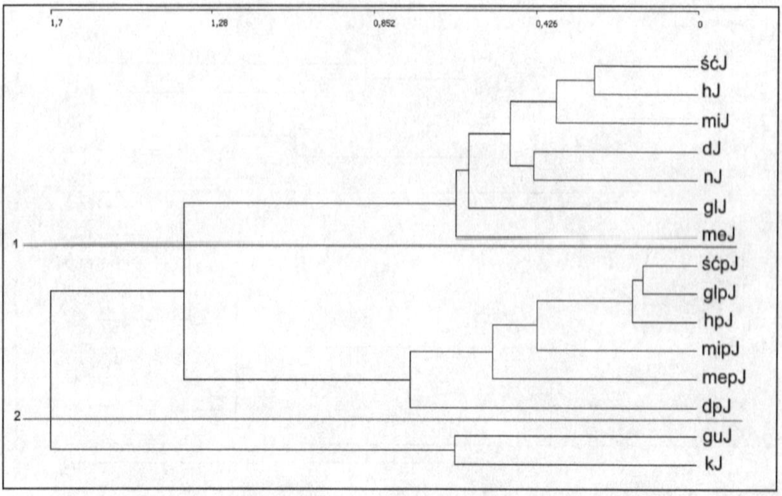

Ryc. 4.38. Porównanie mikrosiedlisk przy użyciu współczynnika Sørensena (metoda Warda). 1, 2 – główne linie podziału.

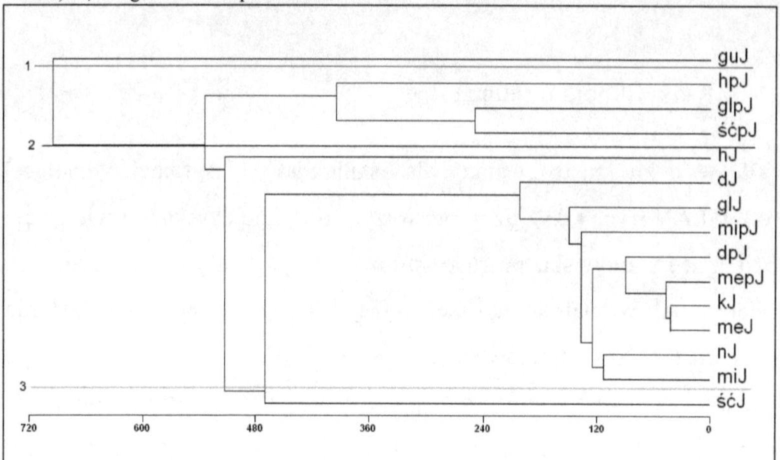

Ryc. 4.39. Porównanie mikrosiedlisk przy użyciu odległości euklidesowej (metoda UPGMA). J – jaskinie, pJ – przed jaskiniami, ść – ściółka, h – humus, mi – warstwa mineralna, n – namulisko, gL – gleba, me – mech, d – drewno, gu – guano, k – kości, 1, 2, 3 – główne linie podziału.

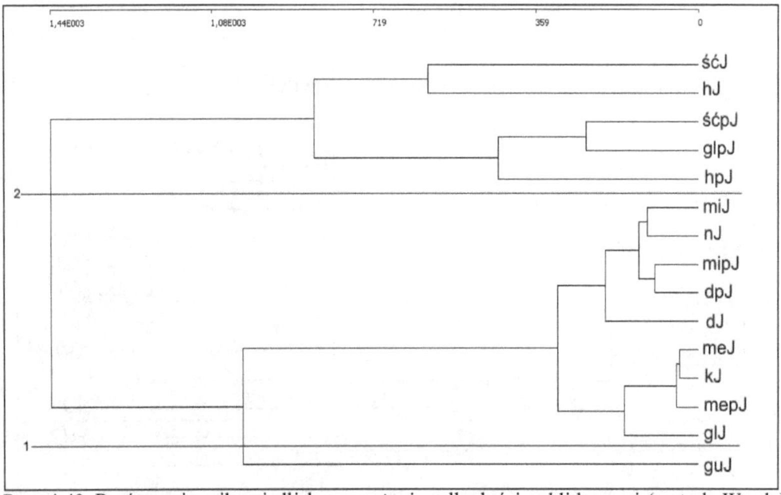

Ryc. 4.40. Porównanie mikrosiedlisk przy użyciu odległości euklidesowej (metoda Warda). 1, 2 – główne linie podziału.

4.6.3. Klasyfikacja dzieląca

W wyniku zastosowania dla stanowisk klasyfikacji dzielącej TWINSPAN (ryc. 4.41) już w pierwszym podziale uzyskano dwie grupy obejmujące stanowiska powierzchniowe (grupa 1) i jaskinie (grupa 2). Podobnie jak w analizie aglomeracyjnej tak i w tym podziale, Jaskinia Jasna została zaklasyfikowana do grupy 1. Indykatorem pierwszego podziału jest *Amblyseius sp2.* preferujący ujemną stronę podziału. W analizie tej najmniejszą grupą podlegającą dalszym podziałom, jest grupa 3 elementowa dlatego nie wyodrębniono pojedynczych stanowisk. Analiza TWINSPAN dla mikrosiedlisk (ryc. 4.42) podkreśliła odrębność prób pobranych z guano i kości w jaskiniach, czym potwierdziła wcześniejsze wyniki. Gatunkiem inicjującym ten podział była obecność *Parasitus loricatus*, gatunku preferującego guano. Drugi podział oddzielił od siebie mikrosiedliska jaskiniowe od powierzchniowych a indykatorem tego podziału była obecność *Zercon triangularis*, który związany był z ujemną stroną podziału.

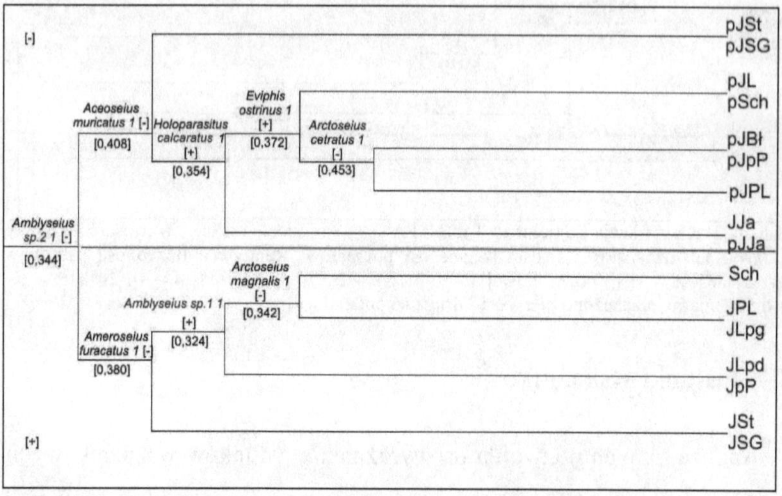

Ryc. 4.41. Klasyfikacja dzieląca TWINSPAN – stanowiska. Wartości liczbowe w nawiasach oznaczają wartości własne osi podziałów. Relatywna liczebność gatunków wyrażona jest w skali porządkowej 1 – 0-2%, 2 – 2-5%, 3 – 5-10%, 4 –10-20%, 5 – 20-100%. Linią zaznaczono oś podziału.

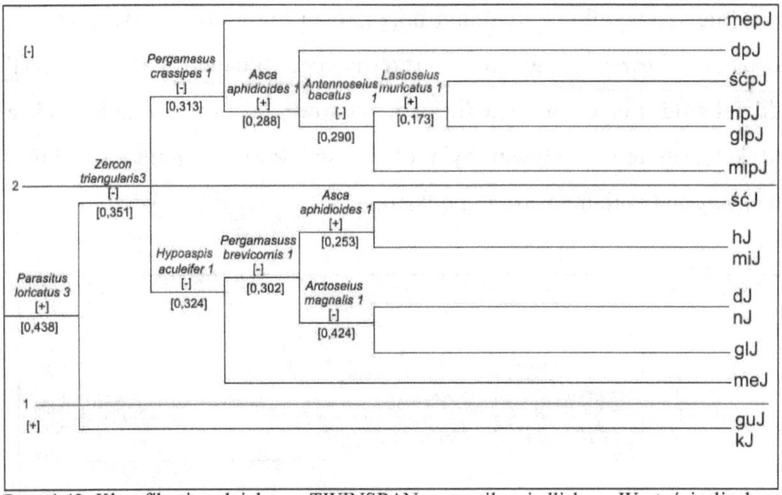

Ryc. 4.42. Klasyfikacja dzieląca TWINSPAN – mikrosiedliska. Wartości liczbowe w nawiasach oznaczają wartości własne osi podziałów. Relatywna liczebność gatunków wyrażona jest w skali porządkowej 1 – 0-2%, 2 – 2-5%, 3 – 5-10%, 4 – 10-20%, 5 – 20-100%. Liniami zaznaczono pierwszą i drugą oś podziału.

4.7. Gatunki wskaźnikowe

Analiza danych pozwoliła na wyróżnienie gatunków wskaźnikowych dla dwóch grup stanowisk wyodrębnionych na podstawie klasyfikacji grup metodą Warda (ryc. 4.33). Najwyższą wartość w tym podziale osiągnął *Amblyseius sp.2* (100,00%) (tab. 4.24), który był indykatorem pierwszego podziału TWINSPAN. W grupie 1, do której zaklasyfikowano jaskinie, najwyższe wartości wskaźnika IndVal osiągnęły trzy gatunki: *Saprosecans sp.* (98,25%), *Proctolaelaps pygmaeus* (96,28%) i *Parasitus loricatus* (85,71%). Wartości wskaźnika IndVal dla wymienionych gatunków były istotne statystycznie.

Tab. 4.14. Gatunki wskaźnikowe 2 grup stanowisk. ** – wyniki obydwu testów są istotne statystycznie, * – wyniki jednego testu są istotne statystycznie, NS – statystycznie nieistotne; średnia oznacza średnią wartość IndVal z losowych permutacji. W tabeli zamieszczono tylko najważniejsze gatunki, których wartość IndVal przekroczyła 40%.

Lp.	gatunek	IndVal	średnia	SD	t	Ranga	p
	grupa 1						
1	*Saprosecans sp.*	98,25	46,84	12,41	4,142	1	**
2	*Proctolaelaps pygmaeus*	96,28	51,6	13,2	3,386	2	**
3	*Parasitus loricatus*	85,71	36,91	12,54	3,893	1	**
4	*Arctoseius cetratus*	74,79	51,55	11,24	2,067	44	**
5	*Vulgarogamasus kraepelini*	71,43	29,77	11,2	3,719	7	**
6	*Macrocheles montanus*	68,21	31,88	11,23	3,237	12	**
7	*Ameroseius furcatus*	59,66	45,03	12,7	1,152	149	NS
8	*Euryparasitus emarginatus*	57,14	27,03	10,72	2,809	23	**
9	*Vulgarogamasus oudemansi*	57,14	26,31	11,09	2,78	31	**
10	*Cyrtolaelaps mucronatus*	56,67	35,24	11,17	1,918	52	*
11	*Geholaspis longispinosus*	56,65	54,63	10,95	0,185	368	NS
12	*Hypoaspis sp.3*	56,26	29,29	11,71	2,304	17	**
13	*Zercon romagniolus*	54,22	53,77	9,89	0,045	424	NS
14	*Prozercon traegardhi*	51,43	47,77	12,16	0,301	384	NS
15	*Paragamasus similis*	49,45	32,19	10,85	1,591	119	NS
16	*Pachyseius humeralis*	46,79	47,52	12,33	-0,059	475	NS
17	*Dendrolaelaps arvicolus*	45,53	53,69	7,72	-1,058	871	NS
18	*Cyrtolaelaps chiropterae*	42,86	21,32	9,37	2,298	59	*
19	*Zercon baloghi*	42,86	21,29	9,29	2,321	53	*
20	*Zerconopsis remiger*	42,86	21,6	9,94	2,139	83	*
21	*Zercon peltatus peltatoides*	41,62	49,83	12,28	-0,668	702	NS
22	*Veigaia transisale*	40,06	30,35	11,83	0,821	264	NS
	grupa 2						
1	*Amblyseius sp.2*	100	43,63	12,13	4,648	1	**
2	*Paragamasus misellus*	93,28	47,4	12,78	3,59	1	**
3	*Zercon triangularis*	86,91	56,83	10,57	2,847	2	**
4	*Antennoseius bacatus*	77,78	34,81	10,42	4,124	6	**
5	*Geholaspis mandibularis*	75,88	47,5	10,73	2,646	24	**
6	*Zercon peltatus peltatus*	75,37	51,61	11,55	2,058	46	**
7	*Hypoaspis aculeifer*	68,87	53,81	7,92	1,901	56	*
8	*Asca aphidioides*	66,71	43,65	10,45	2,206	38	**
9	*Vulgarogamasus kraepelini*	66,67	31,64	10,93	3,205	19	**
10	*Zercon sp.4*	66,67	34,15	13,15	2,472	25	**
11	*Veigaia exigua*	65,92	56,03	9,14	1,082	159	NS

Tab. 4.14cd. Gatunki wskaźnikowe 2 grup stanowisk. ** – wyniki obydwu testów są istotne statystycznie, * – wyniki jednego testu są istotne statystycznie, NS – statystycznie nieistotne; średnia oznacza średnią wartość IndVal z losowych permutacji. W tabeli zamieszczono tylko najważniejsze gatunki, których wartość IndVal przekroczyła 40%.

		grupa 2					
Lp.	gatunek	IndVal	średnia	SD	t	Ranga	p
12	*Veigaia nemorensis*	62,63	56,07	4,45	1,472	98	NS
13	*Eviphis ostrinus*	58,86	49,06	12,78	0,767	188	NS
14	*Prozercon kochi*	58,11	47	13,89	0,8	231	NS
15	*Rhodacarus mandibularis*	55,56	29,38	11,05	2,368	55	*
16	*Hypoaspis nolli*	53,47	33,26	11,67	1,732	55	*
17	*Rhodacarellus silesiacus*	52,84	37,41	12,2	1,264	107	NS
18	*Olopachys suecicus*	52,42	51,12	8,45	0,154	361	NS
19	*Zercon curiosus*	52,3	32,29	11,73	1,706	118	*
20	*Parazercon radiatus*	49,23	33,07	12,09	1,336	143	NS
21	*Pergamasus barbarus*	48,85	50,36	10,36	-0,145	474	NS
22	*Holoparasitus calcaratus*	44,44	25,79	10,84	1,72	87	*
23	*Zercon sp.6*	44,44	25,55	10,53	1,794	100	*
24	*Pachydellus furcifer*	43,75	45,27	11,59	-0,131	491	NS
25	*Pergamasus mediocris*	42,18	44,99	12,38	-0,227	582	NS

W mikrosiedliskach wyróżnionych w jaskiniach, najwyższą, istotną statystycznie wartość wskaźnika IndVal osiągnął *Parasitus loricatus* (82,35%), który był gatunkiem wskaźnikowym guano (tab. 4.25.). Również wysoką i istotną statystycznie wartość wskaźnika IndVal osiągnął *Proctolaelaps pygmaeus* (74,07%), będący gatunkiem wskaźnikowym ściółki znajdującej się w jaskiniach. W mikrosiedliskach takich jak: warstwa mineralna, gleba, mech i namulisko, wartości wskaźnika IndVal były niskie i nieistotne statystycznie. Dla mikrosiedliska kości, nie wyróżniono gatunków wskaźnikowych. Najwyższe wartości IndVal, przekraczające 60%, w mikrosiedliskach stanowisk zewnętrznych osiągnęły: *Ameroseius plumigerus*, *Zercon sp.2*,

WYNIKI

Prozeron sellnicki i *Prozercon kochi*. Wszystkie warości wskaźnika Indval, były istotne statystycznie. Na stanowiskach tych nie wyróżniono gatunków wskaźnikowych dla mchu.

Tab. 4.15. Gatunki wskaźnikowe mikrosiedlisk. ** – wyniki obydwu testów są istotne statystycznie, * – wyniki jednego testu są istotne statystycznie; NS – statystycznie nieistotne średnia oznacza średnią wartość IndVal z losowych permutacji.

		Jaskinie					
	gatunek	IndVal	średnia	SD	t	ranga	p
ściółka	*Proctolaelaps pygmaeus*	74,07	18,28	10,07	5,54	4	**
	Ameroseius furcatus	33,31	15,88	7,42	2,35	36	**
humus	*Vulgarogamasus kraepelini*	40,77	14,8	8,78	2,96	15	**
	Saprosecans sp.	36,07	18,03	8,56	2,11	48	**
	Macrocheles montanus	27,36	12,18	6,75	2,25	43	**
	Leptogamasus tectegynellus	25,6	13,26	6,99	1,77	45	**
warstwa mineralna	*Leptogamasus parvulus*	12,41	14,75	8,42	-0,28	445	NS
	Pachylaelaps magnus	10,25	15,76	9,64	-0,57	593	NS
gleba	*Zercon berlesei*	11,77	12,84	7,97	-0,13	440	NS
	Paragamasus vagabundus	5,41	12,83	7,54	-0,98	935	NS
mech	*Pergamasus brevipes*	8,97	14,2	9,82	-0,53	682	NS
drewno	*Zerconopsis remiger*	50,00	14,47	8,88	4,00	5	**
	Dendrolaelaps arvicolus	28,74	14,7	6,47	2,17	44	**
guano	*Parasitus loricatus*	82,35	12,29	11,21	5,57	5	**
	Cyrtolaelaps mucronatus	49,06	16,04	12,85	1,90	40	**
namulisko	*Vulgarogamasus maschkeae*	25,00	15,98	8,88	1,02	187	NS
	Euryparasitus emarginatus	18,75	16,73	10,34	0,20	333	NS
	Gamasodes spiniger	10,84	15,51	8,28	-0,57	750	NS
	Pergamasus crassipes	7,32	14,77	9,78	-0,76	846	NS

Tab. 4.15cd. Gatunki wskaźnikowe mikrosiedlisk. ** – wyniki obydwu testów są istotne statystycznie, * – wyniki jednego testu są istotne statystycznie; NS – statystycznie nieistotne średnia oznacza średnią wartość IndVal z losowych permutacji.

Stanowiska zewnętrzne							
	gatunek	IndVal	średnia	SD	t	ranga	p
ściółka	*Asca aphidioides*	38,37	12,79	6,77	3,85	14	**
	Zercon triangularis	28,39	14,59	6,58	1,88	59	*
	Pachylaelaps sublongisetis	27,16	14,83	8,35	1,72	64	*
	Zercon peltatus peltatus	26,51	15,4	5,98	2	45	**
gleba	*Rhodacarellus silesiacus*	47,49	13,87	9,28	3,52	13	**
	Rhodacarus mandibularis	47,09	12,4	9,74	3,25	21	**
	Olopachys suecicus	24,66	13,09	5,85	1,85	65	*
	Antennoseius bacatus	24,2	16,86	7,09	1,66	61	*
	Hypoaspis aculeifer	22,06	13,99	4,69	1,91	56	*
humus	*Prozercon kochi*	61,02	15,68	10,03	4,4	9	**
	Lasioseius lawrencei	42,86	13,45	8,81	3,28	14	**
	Parazercon radiatus	38,35	12,57	9,08	2,5	36	**
	Paragamasus misellus	26,72	14,84	6,54	2,03	45	**
	Veigaia kochi	26,24	11,9	8,35	1,64	67	*
	Veigaia nemorensis	25,98	13,78	3,72	3	13	**
warstwa mineralna	*Ameroseius plumigerus*	66,67	12,73	9,02	5,86	3	**
	Prozercon sellnicki	66,51	13,57	8,04	6,69	3	**
	Paragamsus wasmanni	44,76	14,91	7,08	4,55	4	**
	Holoparasitus intermedius	29,2	19,89	7,27	2,15	35	**
	Veigaia exigua	27,42	24,7	6,26	2	45	**

W piętrze dolnym Jaskini Lodowej najwyższą wartość wskaźnika IndVal (tab. 4.26) osiągnął *Paragamasus runciger* (22,46%), który, ze względu na swoją liczebność, zaliczony został do klasy eudominantów. W piętrze górnym tej jaskini, najwyższą wartość osiągnął *Ameroseius furcatus* (22,83%), którego zaklasyfikowano na tym stanowisku do klasy D_6. W Jaskini Studnisko gatunkami, które uzyskały najwyższe wartości wskaźnika IndVal, były: *Cyrtolaelaps mucronatus* (25,36%) oraz *Parasitus loricatus* (24,01%). Gatunki te zaliczone zostały w tej jaskini do klasy superdominantów (*C.mucronatus*) i dominantów (*P.loricatus*). Niskie wartości wskaźnika IndVal dla badanych jaskiń, nie pozwalają w jednoznaczny sposób wyłonić gatunków wskaźnikowych każdej z jaskiń. Jest to wynikiem tego, że większość z nich została znaleziona w kilku jaskiniach, a jeżeli były wyłączne dla jednej jaskini, to występowały tam w niewielkiej liczebności.

Tab. 4.16. Gatunki wskaźnikowe jaskiń. ** – wyniki obydwu testów są istotne statystycznie, * – wyniki jednego testu są istotne statystycznie; średnia oznacza średnią wartość IndVal z losowych permutacji.

Jaskinia	gatunek	IndVal	średnia	SD	t	ranga	p
JLpd	*Paragamasus runciger*	22,46	2,17	1,33	15,236	1	**
	Saprosecans sp.	13,90	3,41	1,18	8,926	1	**
	Vulgarogamasus oudemansi	7,11	2,35	1,24	3,830	6	**
	Paragamasus homopodoides	4,67	2,06	1,04	2,505	25	**
	Macrocheles recki	4,67	1,86	1,01	2,770	51	*
	Eugamasus cavernicola	3,33	2,92	0,21	1,907	172	*
	Haemogamasus nidi	3,33	2,92	0,22	1,842	182	*
	Macrocheles tridentinus	3,33	2,91	0,22	1,897	165	*
JLpg	*Ameroseius furcatus*	22,83	3,32	1,32	14,802	1	**
Sch	*Parasitus kraepelini*	14,33	2,32	1,13	10,619	1	**
	Prozercon traegardhi	14,09	2,66	1,15	9,980	1	**
	Zercon peltatus peltatoides	9,16	2,98	1,37	4,527	8	**
	Pachydellus ineptus	8,57	2,23	1,15	5,520	4	**
	Pergamasus parvulus	8,57	2,06	1,05	6,178	5	**
	Zercon romagniolus	6,13	3,74	1,47	1,632	68	*
	Zercon baloghi	5,84	2,10	1,19	3,147	16	**
	Pergamasus brevipes	5,71	1,80	0,99	3,970	51	*
	Holoparasitus intermedius	5,64	2,29	1,08	3,086	16	**
	Geholaspis longispinosus	5,46	2,38	1,00	3,072	12	**
	Lasioseius lawrencei	5,09	2,73	0,99	2,378	121	*
	Hypoaspis sardoa	4,57	2,15	1,02	2,380	103	*

Tab. 4.16cd. Gatunki wskaźnikowe jaskiń. ** – wyniki obydwu testów są istotne statystycznie, * – wyniki jednego testu są istotne statystycznie; średnia oznacza średnią wartość IndVal z losowych permutacji.

Jaskinia	gatunek	IndVal	średnia	SD	t	ranga	p
JPL	*Arctoseius brevichelis*	5,71	2,44	0,97	3,375	67	*
	Macrocheles montanus	3,98	2,08	0,97	1,957	50	**
JpP	*Proctolaelaps pygmaeus*	13,68	3,33	1,35	7,662	1	**
	Pachyseius humeralis	10,95	2,93	1,22	6,583	2	**
	Veigaia transisale	9,56	2,32	1,23	5,889	1	**
	Pachyseius sp.	5,71	2,43	0,96	3,43	67	*
	Cyrtolaelaps chiropterae	4,15	2,21	1,13	1,72	67	*
JSt	*Cyrtolaelaps mucronatus*	25,36	3,63	1,78	12,239	1	**
	Parasitus loricatus	24,01	3,93	1,99	10,104	1	**
	Pachylaelaps longisetis	11,19	1,81	1,03	9,099	1	**
	Pachylaelaps sp.	7,63	2,52	1,32	3,879	2	**
	Rhodacarus calcarulatus	4,88	2,19	0,96	2,791	59	*
	Geholaspis sp.	2,44	2,92	0,23	-2,054	1000	*
JSG	*Euryparasitus emarginatus*	22,75	2,21	1,26	16,303	1	**
	Cyrtolaelaps sp.	8,57	1,96	1,18	5,623	5	**
	Vulgarogamasus maschkeae	8,4	1,89	1,09	5,958	2	**
JJa	*Pergamasus crassipes*	21,88	2,09	1,36	14,517	1	**
	Zercon berlesei	18,04	1,84	1,02	15,891	1	**
	Paragamasus vagabundus	11,81	2,08	1,06	9,218	1	**
	Veigaia cervus	3,81	1,72	0,86	2,434	21	**

4.8. Parametry siedliskowe

Analiza korelacji między liczebnością, zagęszczeniem, liczbą gatunków, wskaźnikiem różnorodności gatunkowej H' a parametrami fizyko-chemicznymi wykazała w jaskiniach zależność pomiędzy liczebnością a pH i zawartością jonów K^+ oraz $CaCO_3$ w glebie. Ponadto, różnorodność gatunkowa, wyrażona przez wartość H', była silnie dodatnio skorelowana z pH i ujemnie skorelowana z zawartością $CaCO_3$. Na stanowiskach zewnętrznych stwierdzono silną dodatnią zależność między liczebnością a zawartością C całkowitego, C organicznego, N całkowitego i wilgotnością prób. Z zawartością C całkowitego, było również pozytywnie skorelowane zagęszczenie roztoczy. Stwierdzono również, korelację między wilgotnością powietrza a liczebnością gatunków. Zależności te były istotne statystycznie (tab. 4.27).

Tab. 4.17. Korelacja między liczebnością (licz.), zagęszczeniem (zag.), liczbą gatunków (l gat.) i H' a parametrami siedliskowymi. Podkreślono wartości istotne statystycznie.

		Jaskinie				Stanowiska zewnętrzne			
Parametr		licz.	zag.	l gat.	H'	licz.	zag.	l gat.	H'
pH-H2O	R	0,33	0,45	0,79	0,79	0,05	-0,06	-0,23	-0,06
	p	0,42	0,26	0,02	0,02	0,91	0,89	0,59	0,89
pH-KCL	R	0,26	0,48	0,12	0,19	-0,50	-0,47	0,18	0,28
	p	0,53	0,23	0,78	0,65	0,20	0,24	0,67	0,51
$C_{całk}$	R	-0,50	-0,64	-0,24	-0,24	0,89	0,83	0,30	-0,13
	p	0,21	0,09	0,57	0,57	0,00	0,01	0,47	0,76
C_{org}	R	-0,31	-0,33	-0,24	-0,33	0,79	0,66	0,23	-0,06
	p	0,46	0,42	0,57	0,42	0,02	0,08	0,59	0,89
$N_{całk}$	R	0,21	0,19	-0,57	-0,57	0,79	0,66	0,23	-0,06
	p	0,61	0,65	0,14	0,14	0,02	0,08	0,59	0,89
P	R	-0,33	-0,24	0,21	0,02	0,07	0,23	0,28	-0,06
	p	0,42	0,57	0,61	0,96	0,87	0,59	0,51	0,89
Mg	R	0,40	0,50	-0,26	-0,43	0,36	0,25	0,25	0,06
	p	0,32	0,21	0,53	0,29	0,38	0,55	0,55	0,89
Na	R	-0,05	0,02	-0,43	-0,17	0,45	0,53	0,52	-0,02
	p	0,91	0,96	0,29	0,69	0,26	0,17	0,19	0,95
K	R	-0,24	-0,17	-0,71	-0,48	0,65	0,42	0,35	0,20
	p	0,57	0,69	0,04	0,23	0,08	0,30	0,40	0,63
Ca	R	-0,60	-0,36	-0,17	-0,43	0,48	0,59	0,56	-0,04
	p	0,12	0,39	0,69	0,29	0,23	0,13	0,15	0,93
CaCO3	R	-0,24	-0,33	-0,71	-0,79	-0,60	-0,35	-0,18	-0,23
	p	0,57	0,42	0,04	0,02	0,12	0,40	0,67	0,59

Tab. 4.17cd. Korelacja między liczebnością (licz.), zagęszczeniem (zag.), liczbą gatunków (l gat.) i H' a parametrami siedliskowymi. Podkreślono wartości istotne statystycznie.

		Jaskinie				Stanowiska zewnętrzne			
Parametr		licz.	zag.	l gat.	H'	licz.	zag.	l gat.	H'
temp	R	-0,29	-0,4	0,14	0,26	-0,36	-0,17	-0,06	-0,08
	p	0,49	0,32	0,74	0,53	0,38	0,69	0,89	0,84
wilg pow	R	0,36	0,36	-0,13	-0,09	0,22	0,16	0,92	0,59
	p	0,38	0,38	0,76	0,83	0,61	0,71	<u>0</u>	0,13
wilg	R	0,23	0,4	0,41	0	0,72	0,42	0,51	0,4
	p	0,59	0,33	0,32	1	<u>0,04</u>	0,3	0,19	0,33

4.9. Ordynacja

4.9.1. Ordynacja pośrednia

I oś kanoniczna o wartości własnej λ=0,531, znacząco zróżnicowała stanowiska. Oś ta tłumaczy 13,7% zmienności zgrupowań roztoczy, dzieląc stanowiska na dwie grupy: jaskinie i stanowiska zewnętrzne. Druga oś kanoniczna wskazała na wewnętrzne zróżnicowanie w obrębie obu grup. Oś ta tłumaczy 12,2% zmienności roztoczy a jej wartość własna wynosi λ=0,475. W obrębie grupy stanowisk zewnętrznych, współrzędne drugiej osi kanonicznej wyraźnie oddzieliły stanowiska w Sokolich Górach (pJSt i pJSG) od pozostałych (ryc. 4.43).

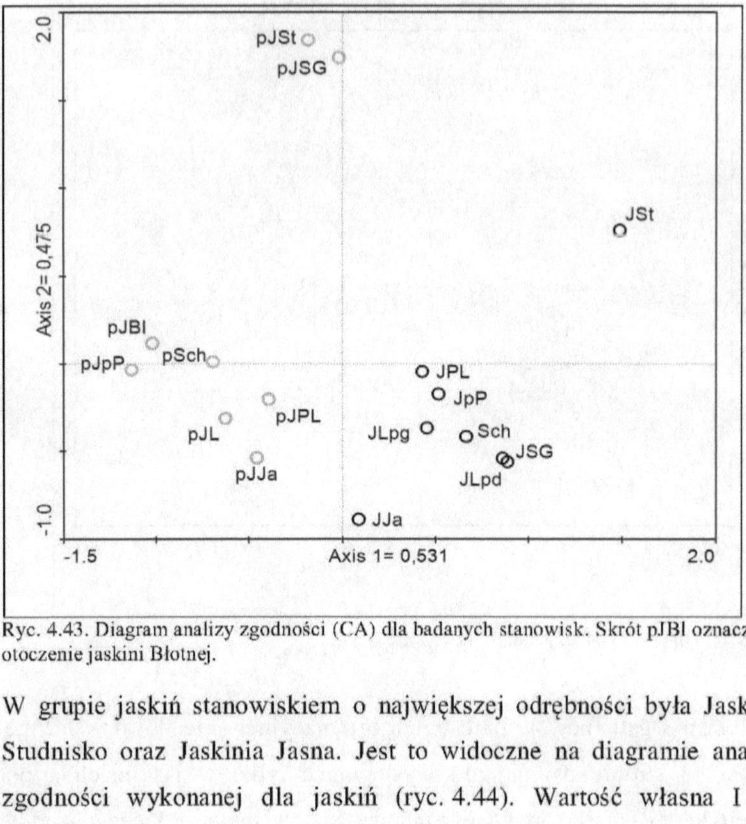

Ryc. 4.43. Diagram analizy zgodności (CA) dla badanych stanowisk. Skrót pJBl oznacza otoczenie jaskini Błotnej.

W grupie jaskiń stanowiskiem o największej odrębności była Jaskinia Studnisko oraz Jaskinia Jasna. Jest to widoczne na diagramie analizy zgodności wykonanej dla jaskiń (ryc. 4.44). Wartość własna I osi kanonicznej (λ=0,534), wskazała na istnienie silnego gradientu działającego wzdłuż niej. Analiza ta wykazała również znaczące różnice między piętrem dolnym i górnym Jaskini Lodowej oraz pomiędzy Jaskiniami Studnisko i pod Sokolą Górą.

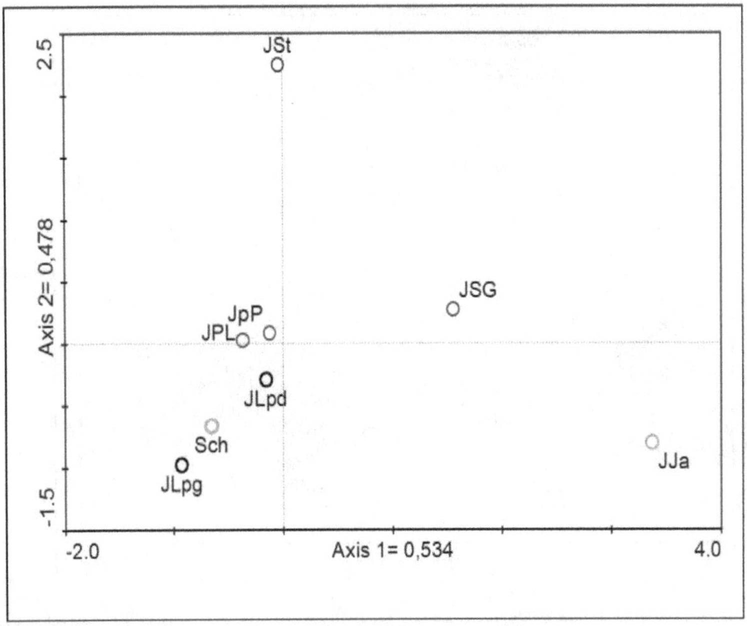

Ryc. 4.44. Diagram analizy zgodności (CA) dla jaskiń.

Ułożenie gatunków w przestrzeni ordynacyjnej (ryc. 4.45) wskazuje na prawej stronie osi gatunki występujące tylko w jaskiniach a po przeciwległej – tylko przed jaskiniami. Na podstawie takiego ułożenia gatunków możemy stwierdzić występowanie silnego gradientu środowiskowego reprezentowanego przez I oś kanoniczną co potwierdza wyniki tej analizy dla stanowisk.

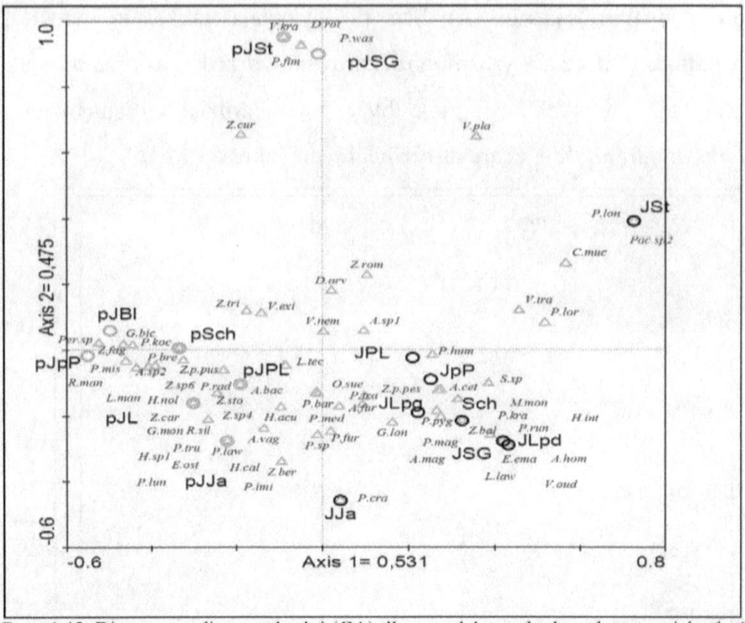

Ryc. 4.45. Diagram analizy zgodności (CA) dla gatunków na badanych stanowiskach. Skrót pJBl oznacza otoczenie jaskini Błotnej.

Wyraźne różnice między jaskiniami a ich bezpośrednim otoczeniem widoczne są również na diagramie wykreślonym dla mikrosiedlisk występujących na tych stanowiskach (ryc. 4.46). Gradient środowiskowy działający wzdłuż I osi zróżnicował mikrosiedliska na te, które wyróżniono w jaskiniach i przed jaskiniami. Oś ta tłumaczy 16,4% ogólnej zmienności. Drugi gradient środowiskowy, reprezentowany przez II oś tłumaczącą 11,7% zmienności, różnicuje wyraźnie mikrosiedliska jaskiniowe na te, które zlokalizowane były głównie w strefie wejściowej (mech, ściółka, humus i warstwa mineralna) oraz te z głębszych partii jaskiń. Analiza ta wykazała także, że spośród mikrosiedlisk, które wyróżniono zarówno przed jaskiniami jak i w jaskiniach, w tych ostatnich były one bardziej zróżnicowane. Największą odrębnością charakteryzowało się guano.

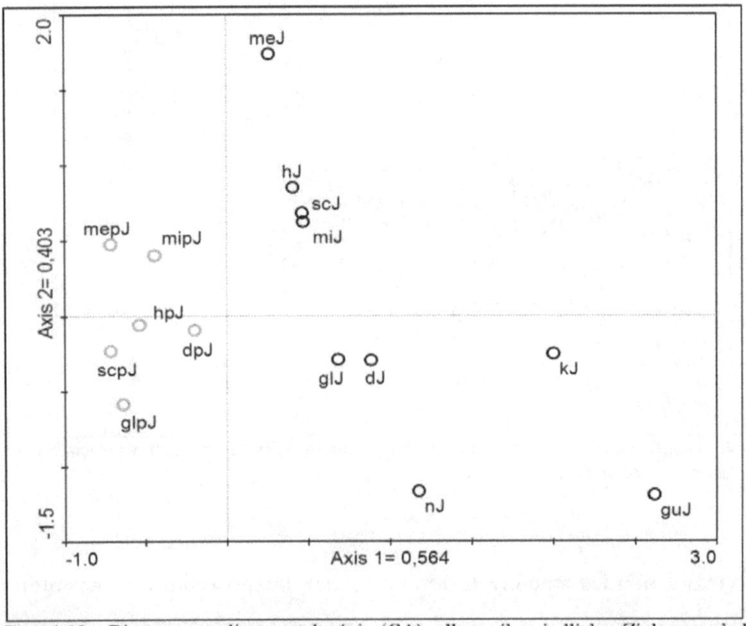

Ryc. 4.46. Diagram analizy zgodności (CA) dla mikrosiedlisk. Zielonym kolorem zaznaczono mikrosiedliska przed jaskiniami a czarnym – w jaskiniach. Skróty: scJ i scpJ oznaczają ściółkę z jaskiń i ich otoczenia.

Ułożenie gatunków w przestrzeni ordynacyjnej wskazuje na odmienny skład gatunkowy mikrosiedlisk występujących w jaskiniach i na stanowiskach powierzchniowych (ryc.4.47). Analiza ta wykazała, że gatunkiem charakterystycznym dla mikrosiedliska kości jest

Cyrtolaelaps chiropterae. Nie uzyskał on jednak żadnej wartości w analizie IndVal, ze względu na jego niską liczebność. Analiza zgodności pozwoliła również wyróżnić gatunki charakterystyczne dla namuliska (*Euryparasitus emarginatus*, *Gamasodes spiniger*, *Pachylaelaps sp.* i *Pergamasus crassipes*). Gatunki te w analizie IndVal uzyskały niskie wartości, które nie były istotne statystycznie.

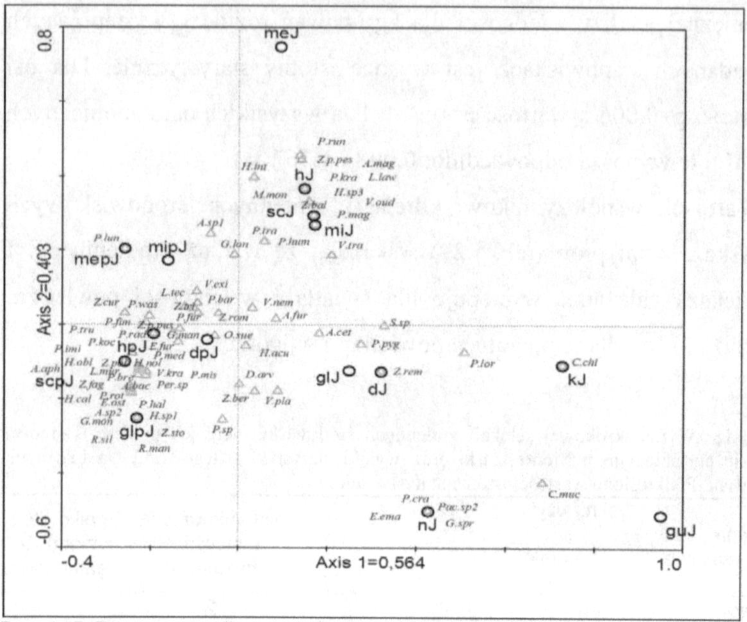

Ryc. 4.47. Diagram analizy zgodności (CA) dla gatunków w wyróżnionych mikrosiedliskach. Skróty: scJ i scpJ oznaczają ściółkę z jaskiń i ich otoczenia.

4.9.2. Ordynacja bezpośrednia

W analizie tej wykorzystano tylko te parametry środowiskowe, które nie korelowały ze sobą (tab. 4.28). Zastosowane w ordynacji zmienne środowiskowe tłumaczą 67,22 % ogólnej zmienności gatunków, wynikającej z odmienności obu badanych środowisk, a model kanonicznej analizy zgodności dla zgrupowań roztoczy występujących na badanych stanowiskach jest wysoce istotny statystycznie. Dla osi I wartość p=0,006 a wartość F=0,914. Dla wszystkich osi kanonicznych wartości te wynoszą odpowiednio: 0,008 i 1,367

Wartości współczynników korelacji zmiennych środowiskowych ze wskaźnikami prób (tab. 4.29) wskazują, że wzdłuż gradientu osi I największa zależność występuje dla światła i wilgotności powietrza. Wzdłuż osi II – dla temperatury powietrza i wilgotności prób.

Tab. 4.18. Wyniki krokowej selekcji zmiennych środowiskowych, ich poziom istotności w teście permutacyjnym Monte Carlo oraz wyniki statystyki F tego testu dla badanych stanowisk. Podkreślono wartości istotne statystycznie.

zmienna środowiskowa	skrót użyty w diagramie CCA	p	F	skumulowany % tłumaczonej zmienności	całkowita zmienność gatunków
światło	swiatlo	0,002	2	2	
wilgotność powietrza	wilgpow	0,002	1,88	2,2	
temperatura	temp	0,002	1,85	1,74	
jony sodu	Na	0,008	1,64	1,12	
pH-H2O	pH-H2O	0,008	1,55	1,39	

Tab. 4.18cd. Wyniki krokowej selekcji zmiennych środowiskowych, ich poziom istotności w teście permutacyjnym Monte Carlo oraz wyniki statystyki F tego testu dla badanych stanowisk. Podkreślono wartości istotne statystycznie.

zmienna środowiskowa	skrót użyty w diagramie CCA	p	F	skumulowany % tłumaczonej zmienności	całkowita zmienność gatunków
wilgotność prób	wilg	0,01	1,5	0,38	
węgiel organiczny	Corg	0,062	1,33	0,74	
fosfor	P	0,358	1,07	2,61	
jony magnezu	Mg	0,836	0,66	2,4	
					3,889

Tab.4.19. Współczynniki korelacji zmiennych środowiskowych uzyskanych na stanowiskach oraz wartości własne osi λ (pogrubiona czcionka). Podkreślono najwyższe wartości.

zmienna środowiskowa	oś kanoniczna AX1	AX2	AX3	AX4
pH-H2O	0,53	-0,51	-0,11	-0,24
Corg	-0,64	-0,13	0,21	-0,32
P	0,24	-0,19	-0,45	0,18
Mg	0,03	-0,07	0,03	-0,10
Na	0,61	0,26	0,60	-0,10
temp	-0,58	0,69	-0,34	0,04
wilgpow	0,84	-0,33	-0,02	0,22
wilg	0,24	-0,70	-0,31	-0,39
światło	-0,87	0,37	0,11	0,00
λ	**0,514**	**0,456**	**0,363**	**0,331**

Na diagramie ordynacyjnym dla gatunków, które znaleziono na badanych stanowiskach (rys. 4.48), wyraźnie wyodrębniona została grupa gatunków, realizujących swoje optimum występowania w warunkach wysokiej koncentracji jonów Na^+. Do grupy tej należał przede wszystkim *Cyrtolaelaps mucronatus*. Gatunki występujące na stanowiskach powierzchniowych związane są z siedliskami o wysokiej zawartości C organicznego. Występowanie tu gatunków zarówno powierzchniowych jak i żyjacych w głębszych warstwach gleby, jest zobrazowane ich położeniem względem takich zmiennych jak światło i temperatura. Gatunki takie jak m.in. *Vulgarogamasus kraepelini, Paragamasus wasmanni* czy *Prozercon fimbriatus* występują w układzie ujemnej korelacji w stosunku do pH i wilgotności gleby oraz korelacji dodatniej względem temperatury.

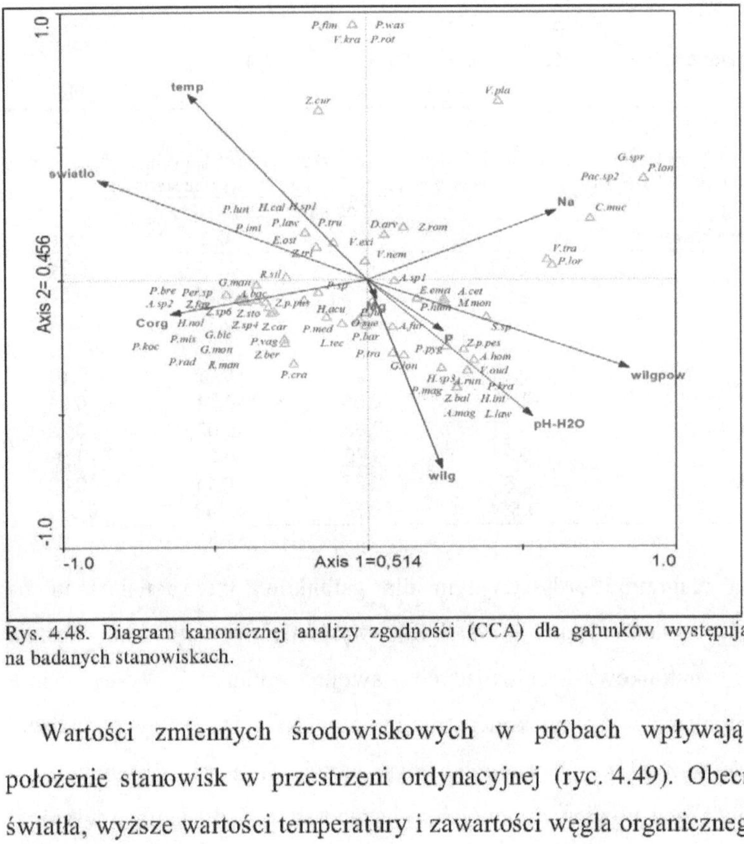

Rys. 4.48. Diagram kanonicznej analizy zgodności (CCA) dla gatunków występujących na badanych stanowiskach.

Wartości zmiennych środowiskowych w próbach wpływają na położenie stanowisk w przestrzeni ordynacyjnej (ryc. 4.49). Obecność światła, wyższe wartości temperatury i zawartości węgla organicznego to czynniki o najsilniejszej ujemnej korelacji z I osią kanoniczną. Oś ta ponadto podzieliła stanowiska na dwie grupy. Pierwszą z nich stanowiły siedliska w otoczeniu jaskiń i Jaskinia Jasna. Analiza wykazała wewnętrzne zróżnicowanie tej grupy. Stanowiskami o największej odrębności były siedliska położone w Sokolich Górach, które silnie korelują z II osią kanoniczną a ich położenie względem pozostałych prób jest tłumaczone ujemną korelacją względem wilgotności gleby i pH. Odrębność stanowiska położonego w Strzegowej (pJJa) w układzie I i II osi kanonicznej, tłumaczy wyższa wartość oświetlenia i temperatury oraz niższa zawartość węgla organicznego niż na pozostałych stanowiskach.

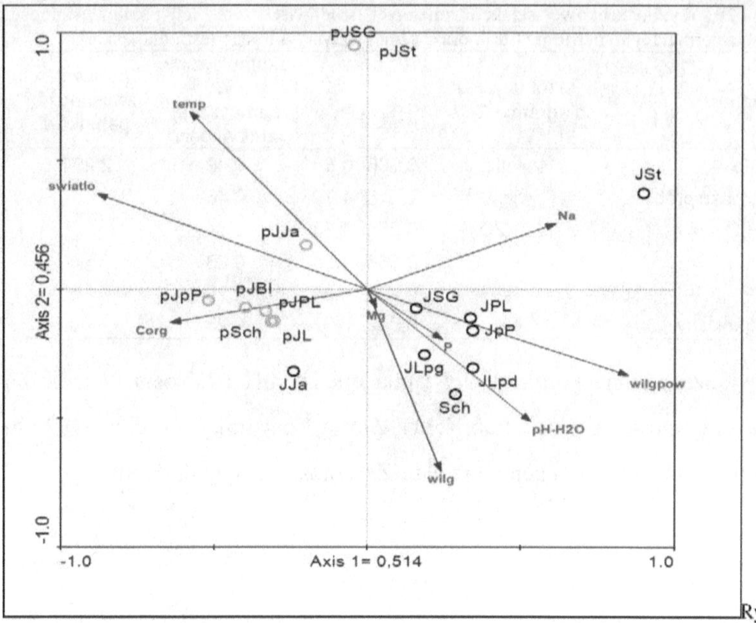

Rys. 4.49. Diagram kanonicznej analizy zgodności (CCA) dla badanych stanowisk.

W tabeli 4.30 przedstawiono wyniki krokowej selekcji zmiennych środowiskowych, których użyto do stworzenia modelu ordynacji bezpośredniej, przy pomocy którego wykazano różnice między jaskiniami w wyniku działania poszczególnych czynników środowiskowych. Występujące parametry środowiskowe tłumaczą 91,62% ogólnej zmienności gatunków w jaskiniach a model ten jest istotny statystycznie. Wartość p dla I osi kanonicznej wynosi 0,014 (F=0,304), a dla wszystkich osi- 0,02 (F=1,83).

Tab. 4.20. Wyniki krokowej selekcji zmiennych środowiskowych, ich poziom istotności w teście permutacyjnym Monte Carlo oraz wyniki statystyki F tego testu dla jaskiń.

zmienna	skrót użyty w diagramie CCA	p	F	skumulowany % tłumaczonej zmienności	całkowita zmienność gatunków
światło	swiatlo	0,006	1,64	0,49	2,291
wilgotność prób	wilg	0,018	1,72	0,46	
pH-H_2O	pH-H2O	0,254	1,33	0,34	
P	P	0,358	1,74	0,33	
Na	Na	0,432	0,94	0,25	
C organiczny	Corg	0,542	0,92	0,23	

Najwyższa ujemna korelacja wystąpiła między pH i IV osią kanoniczną oraz wilgotnością a I osią (tab. 4.31). Z osią I najsilniej skorelowane było światło a z osią II – koncentracja Na^+. Zależności te były dodatnie.

Tab. 4.21. Współczynniki korelacji zmiennych środowiskowych uzyskanych w jaskiniach oraz wartości własne osi λ (pogrubiona czcionka). Podkreślono najwyższe wartości.

zmienna	oś kanoniczna			
	AX1	AX2	AX3	AX4
pH-H2O	-0,348	-0,154	0,317	-0,779
Corg	-0,211	-0,239	-0,314	0,303
P	-0,137	-0,611	0,224	0,619
Na	-0,003	0,922	-0,082	-0,280
wilg	-0,722	-0,578	0,284	0,214
światło	0,870	-0,242	-0,072	-0,414
λ	**0,533**	**0,478**	**0,467**	**0,323**

Wyniki tej korelacji są widoczne na diagramie ordynacyjnym i świadczą o tym, że czynnikami, które stanowiły o odrębności Jaskini Studnisko były: koncentracja jonów sodu, a Jaskini Jasnej – obecność światła (ryc.4.50). Gradient wilgotności prób, zawartości węgla organicznego i fosforu, były czynnikami wpływającymi na różnice występujące pomiędzy dolnym i górnym piętrem Jaskini Lodowej.

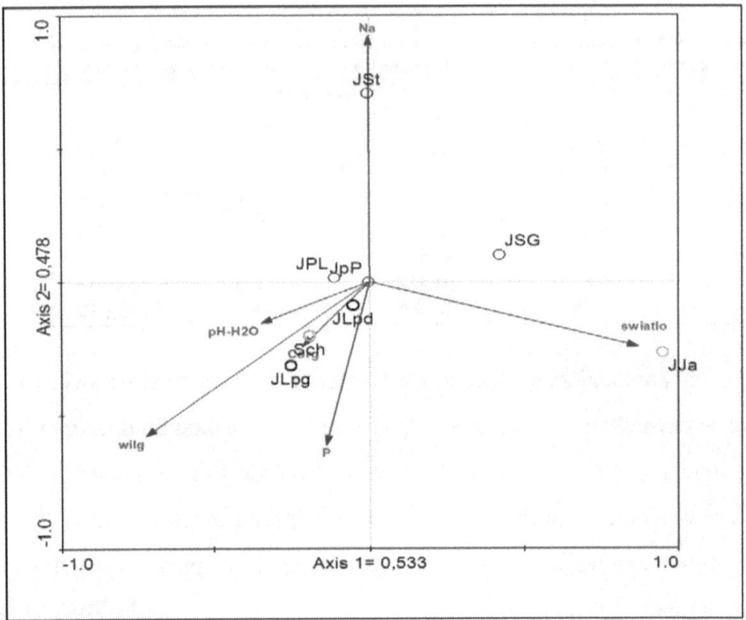

Rys. 4.50. Diagram kanonicznej analizy zgodności (CCA) dla jaskiń wg. I i II osi kanonicznej.

Wysoka korelacja w analizowanym modelu występuje pomiędzy pH a IV osią ordynacyjną (tab. 4.31). Obecność tego czynnika wyjaśnia położenie Jaskini pod Sokolą Górą w przestrzeni ordynacyjnej (rys. 4.51). Jaskinia ta była z nim ujemnie skorelowana.

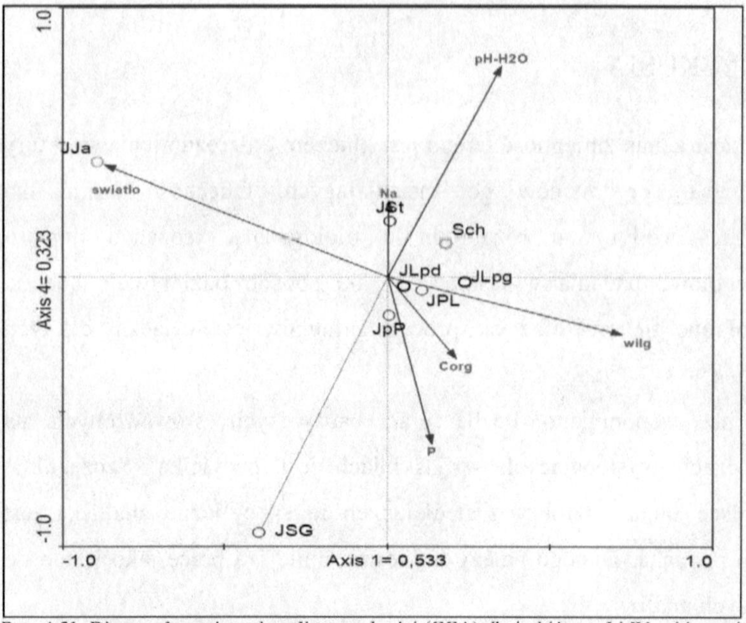

Rys. 4.51. Diagram kanonicznej analizy zgodności (CCA) dla jaskiń wg. I i IV osi kanonicznej. Na diagramie przedłużono wektor pH.

5. DYSKUSJA

Przestrzenna zmienność terenu jest kluczem do zrozumienia struktury zgrupowań organizmów go zasiedlających. Obecność jaskiń ma znaczący wpływ na różnorodność biologiczną, jednakże dopiero szczegółowe badania wyjaśniają w jaki sposób odziaływują one na mezofaunę glebową oraz jaki procent gatunków jest wyłączny dla tych siedlisk.

Jak już wspomniano liczba prac badawczych prowadzonych na roztoczach występujących w jaskiniach jest niewielka. Szczególnie w Polsce fauna roztoczy zasiedlających te specyficzne siedliska jest słabo poznana. Dlatego należy traktować niniejszą pracę jako wstęp do dalszych analiz.

5.1. Metody pobierania prób

Jaskinie są specyficznym środowiskiem. Dlatego ilość pobieranych w nich prób oraz metody zastosowane do ich uzyskania powinny być dobierane indywidualnie z uwzględnieniem zarówno budowy geologicznej jaskiń jak i warstwy osadów, czy ilości mikrosiedlisk tym bardziej, że klasyczne metody stosowane w biospeleologii mogą okazać się nieskuteczne (Ducarme i in. 2003). Dlatego wybranie niekonwencjonalnych rozwiązań przynosi często pożądane efekty (Pipan, Culver 2005). Zastosowane w niniejszej pracy metody pobierania prób w jaskiniach okazały się, w większości stanowisk, wysoce wydajne. Potwierdzają to zarówno krzywe akumulacji gatunków, rarefakcji oraz oszacowana przy użyciu wskaźnika Chao oczekiwana liczba gatunków. Jedynie w piętrze dolnym J. Lodowej i Jaskini Jasnej metody te pozwoliły na znalezienie ok. 50% potencjalnie tam występujących gatunków. Piętro górne J. Lodowej jest próżnią o niewielkiej powierzchni i pobranie większej ilości prób w znaczący sposób naruszyłoby panującą tam równowagę. Ćurčić, Radović (1998) podkreślają, że często chęć stworzenia „mocniejszej" bazy danych, przyczynia się do obniżenia liczebności populacji jaskiniowych. Na niedostateczną liczbę osobników w próbach pobranych w Jaskini Jasnej, miał zapewne wpływ pożar w 2005 roku spowodowany podpaleniem opon przez miejscową ludność. Spowodował on zniszczenie namuliska, uszkodzenie ścian jaskini i przyczynił się do spadku liczebności populacji mikrostawonogów zasiedlających tę jaskinię.

5.2. Gatunki zasiedlające jaskinie

Zastosowanie metody IndVal pozwoliło wyróżnić gatunki wskaźnikowe dla badanych jaskiń i mikrosiedlisk w nich wyróżnionych. Metoda ta była już wcześniej stosowana do analizy zgrupowań roztoczy Mesostigmata (Salmane, Brumelis 2008), a Ducarme i in. (2004b) zastosowali ją w badaniach zgrupowań roztoczy zasiedlających jaskinie. Najliczniej występującym w badanych jaskiniach gatunkiem był *Saprosecans sp.* (789 osobników). Gatunek ten zebrano również na stanowiskach przed jaskiniami ale 97,76% ogólnej liczebności to osobniki jaskiniowe. Przedstawiciel tego rodzaju *Saprosecans baloghi* znajdowany był w jaskiniach w Słowenii (Papáč i in. 2006). W przeprowadzonych badaniach *Saprosecans sp.* występował w 8 z 9 badanych jaskiń (piętro dolne i górne J.Lodowej traktuje się tutaj jako osobne jaskinie), gdzie osiągał wysokie klasy dominacji. Gatunek ten uzyskał najwyższą wartość wskaźnika IndVal (98,25%) dla 1 grupy stanowisk (jaskinie) oraz 36,07% dla humusu.

Najliczniejszym gatunkiem na stanowiskach położonych przed wejściem do jaskiń była *Veigaia nemorensis*. Osobniki tego gatunku dominują w buczynie (Moraza 2007) również na podłożu wapiennym (Schulz 1989). Gatunek ten występował również bardzo licznie i powszechnie (8 stanowisk) w jaskiniach. Położenie tego gatunku w przestrzeni ordynacyjnej w analizie zgodności (CA) wskazuje, że preferuje on zarówno środowisko jaskiń jak i zewnętrzne, co tłumaczy brak istotności statystycznej wartości wskaźnika IndVal dla tego gatunku.

W badanych jaskiniach osiągnął on klasę dominantów i najwyższą klasę stałości. Również Fend'a i Košel (2000) podają, że jest to gatunek powszechnie spotykany w jaskiniach Słowacji, Włoch, Francji, Niemiec. Autorzy ci podkreślają, że jego obecność w jaskiniach jest wynikiem preferencji siedliskowych stadiów nimfalnych, które do swojego rozwoju potrzebują bardziej wilgotnych miejsc. Gatunek ten znaleziony został również w jaskiniach w Szwecji (Lundqvist i in. 1999), a Cooreman (1959) zaklasyfikował go do troglofili. Schmölzer (1995) podaje także, że jest to gatunek występujący w jaskiniach, podobnie jak *Veigaia kochi* i *Veigaia transisalae*, które zaklasyfikowane były do troglofili. Osobniki należące do gatunku *V.kochi* znaleziono w 4 badanych jaskiniach, a *V. transisalae* – w 3.

Gatunkami, które w przeprowadzonych badaniach występowały w obydwu typach stanowisk, ale których populacja „jaskiniowa" była zdecydowanie liczniejsza niż zewnętrzna, były *Proctolaelaps pygmaeus* i *Ameroseius furcatus*. Pierwszy z nich znany jest z jaskiń Słowacji (Fend'a, Košel 2000), Niemiec i Australii (Halliday 2001). Jest to gatunek kosmopolityczny (Giljarov 1977, Karg 1993), a według Willmanna (1954) występuje w gniazdach drobnych ssaków oraz w ich sierści i do jaskiń dostaje się prawdopodobnie za pośrednictwem tych zwierząt. Znaleziony był on również w starych kopalniach (Solarz i in. 2002). W przeprowadzonych badaniach występował on w 8 jaskiniach, a w dwóch z nich w Jaskini poniżej Lodowej i Jaskini pod Porzeczką okazał się najliczniejszy. Wysoka wartość wskaźnika IndVal (96,28%) pozwoliła stwierdzić, że jest to gatunek preferujący siedliska jaskiniowe, a w nich najsilniej związany był ze ściółką (IndVal-74, 07%).
Ameroseius furcatus jest rzadkim, ciepłolubnym gatunkiem preferującym ściółkę bukową (Giljarov 1977), dlatego występował on szczególnie licznie w piętrze górnym Jaskini Lodowej, w której był superdominantem. Stanowisko to jest małą próżnią, wypełnioną bukową ściółką o ekspozycji SW. Nagrzewanie się skał powoduje utrzymywanie się w tym miejscu stabilnych warunków temperaturowych. Dla tego stanowiska i mikrosiedliska, jakim jest ściółka w jaskiniach, był to

gatunek wskaźnikowy, co potwierdziły wyniki przeprowadzonych badań oraz wartość wskaźnika IndVal.

Spośród gatunków stwierdzonych w tych badaniach wyłącznie w jaskiniach, najliczniejszym był *Cyrtolaelaps mucronatus*, który był superdominantem
w Jaskini Studnisko. Według Giljarova (1977) i Karga (1993) jest to gatunek występujący licznie w bukowych lasach, żyjący w humusie i ściółce oraz w gniazdach gryzoni. Często jest spotykany w jaskiniach, szczególnie tych w których znajduje się guano (Leruth 1939, Willmann, 1954, Lundqvist i in, 1999, Fend'a, Košel 2000, Papač i in. 2006). Leruth (1939) zaklasyfikował ten gatunek do guanofili. Na badanych stanowiskach, występował w 5 z 9 jaskiń. Wysoka i istotnie statystyczna wartość IndVal (49,06%) oraz wyniki kanonicznej analizy zgodności (CCA), pozwoliły wyciągnąć wniosek, że jest to gatunek wskaźnikowy jaskiń w których występuje guano. Gatunkowi temu towarzyszył nieliczny w tych badaniach, *Cyrtolaelaps chiropterae.* Gatunki te zwykle występują razem (Fend'a, Košel 2000), co potwierdziła wartość wskaźnika nakładania się niszy dla tych gatunków. Wynika to również z tego, że są to gatunki o podobnej wielkości i wymaganiach siedliskowych. Giljarov (1977) podaje, że *C. chiropterae* spotykany jestw gniazdach gryzoni i jaskiniach, a według Karga (1993) jest związany z guanem nietoperzy. Osobniki tego gatunku w niniejszych badaniach, występowały w 3 jaskiniach i, jak wykazała analiza zgodności CA, gatunek ten związany jest z kośćmi nietoperzy.

DYSKUSJA

Gatunkiem silnie związanym z jaskiniami jest *Parasitus loricatus*. Osobniki tego gatunku spotykane są często w norach zwierząt i jaskiniach (Giljarov 1977, Karg 1993). Fend'a i Košel (2000) podają, że roztocze te występują licznie w jaskiniach Słowacjii, Belgii, Niemiec, Francji, Włoch, Rumunii i Szwajcarii. Bardzo licznie występuje również w jaskiniach Skandynawii (Lundqvist i in. 1999). Jest to najbardziej rozpowszechniony troglofil (Leruth 1939). W Polsce znany był dotychczas z kilku jaskiń (Micherdziński 1969). Znaleziony był również w starych sztolniach (Skubała i in. 2003). Na badanym terenie, został znaleziony w 7 z 9 jaskiń. Wysoka wartość wskaźnika IndVal (85, 71%) potwierdziła, że jest to gatunek troglofilowy. Wyniki analizy TWINSPAN dla mikrosiedlisk wykazały jego związek z jaskiniami szczególnie z tymi, w których występuje guano. Dla tego mikrosiedliska gatunek ten uzyskał też zdecydowanie wyższą wartość wskaźnika IndVal (82,35%) niż *Cyrtolaelaps mucronatus*.

Wyniki przeprowadzonych badań wskazały również, że gatunkiem wskaźnikowym jaskiń jest *Vulgarogamasus kraepelini*. Osobniki tego gatunku uzyskały wysokie wartości wskaźnika IndVal (71, 43%). Także Schmölzer (1995) podaje, że jest to gatunek preferujący jaskinie.

Gatunkiem szeroko rozpowszechnionym w Holarktyce a więc preferującym zimne strefy kuli ziemskiej jest *Euryparasitus emarginatus*. Występuje on głównie na stanowiskach bogatych w rozkładające się drewno (Giljarov 1977). W jaskiniach spotykany był w Południowej Szwecji, Norwegii (w okolicach koła podbiegunowego) i na Gotlandii (Lundqvist i in. 1999). Z kanonicznej analizy zgodności

(CCA) wynika, że na badanych stanowiskach osobniki tego gatunku preferowały siedliska o obniżonej temperaturze, dużej wilgotności i niskim pH. Szczególnie licznie występował ten gatunek w Jaskini pod Sokolą Górą, która jest najzimniejszą z badanych jaskiń. Na stanowisku tym uzyskał najwyższą, statystycznie istotną, wartość wskaźnika IndVal (22,75%) co pozwala stwierdzić, że jest to gatunek charakterystyczny dla tej jaskini.

Na badanych stanowiskach stwierdzono również obecność następujących troglofili: *Pergamasus crassipes* (1 jaskinia), *Eugamasus cavernicola* (1 jaskinia), *Vulgarogamasus oudemansi* (5 jaskiń) oraz *Hypoaspis aculeifer* (5 jaskiń).

Osobniki należące do gatunku *P.crassipes* znaleziono w Jaskini Jasnej. Zaklasyfikowano je na tym stanowisku do klasy dominantów, a wartość wskaźnika IndVal wynosiła 21, 88% i była najwyższą wartością na tym stanowisku. Baggini, Pavan (1955) oraz Micherdziński (1969) podają, że jest to gatunek znajdowany w jaskiniach. *Eugamasus cavernicola* został znaleziony w piętrze dolnym Jaskini Lodowej i był tam gatunkiem akcydentalnym (1 osobnik). Z piśmiennictwa wynika, że jest on znany głównie z jaskiń (Hyatt 1980) a Giljarov (1977) podaje, że został znaleziony w jaskiniach we Francji. W piętrze dolnym J. Lodowej również *V.oudemansi* osiągnął najwyższą liczebność. Według Giljarova (1977) gatunek ten występuje w leśnej ściółce, w norach zwierząt i jaskiniach, znajdowany był także w gniazdach gryzoni (Hyatt 1980) oraz w starych sztolniach kopalnianych (Maschke 1936). Znaleziony był również w jaskini w Wysokich Taurach w masywie Grossglocknera

(Willman 1951), w Południowej Szwecji (Lundqvist i in. 1999), na Słowacji (Fend'a Košel 2000). W przeprowadzonych badaniach uzyskał on wartości IndVal równą 57, 14%. Wynik ten jest istotny statystycznie co potwierdza, że jest to gatunek troglofilowy. *Hypaspis aculeifer* jest również gatunkiem znajdowanym w jaskiniach (Schmölzer 1995). W Polsce znaleziony był w starych kopalniach (Solarz i in. 2002). W niniejszych badaniach, osobniki należące do tego gatunku znaleziono w jaskiniach i na stanowiskach powierzchniowych, na których jego liczebność była większa, co tłumaczy uzyskanie wysokiej wartości wskaźnika IndVal (68,87%) dla tych stanowisk i jego położenie w przestrzeni ordynacyjnej.

Do gatunków, których przedstawicieli można znaleźć w jaskiniach należy *Vulgarogamasus remberti* (Micherdziński 1968). Według Hyatt (1980), gatunek ten znany jest także z gniazd drobnych ssaków. W przeprowadzonych badaniach znaleziono osobniki należące do tego gatunku w 2 jaskiniach gdzie stanowiły niewielki procent ogólnej liczebności. Gatunkiem również mało licznym w badanych jaskiniach był *Eugamasus furcatus*. Przedstawicieli tego gatunku znaleziono tylko w Jaskini pod Porzeczką. W Polsce znajdowano osobniki tego gatunku w jaskini w Masywie Śnieżnika (Micherdziński 1969). Karg (1993) podaje, że gatunkiem występującym w jaskiniach jest *Parasitus hortivagus*. Również Baggini, Pavan (1955) we włoskiej jaskini Caverne Della Lombardia, znaleźli roztocze należące do tego gatunku oraz przedstawicieli *Haemogamasus nidi*. W zgrupowaniach roztoczy badanych jaskiń, roztocze te stanowiły niewielki procent ogólnej liczebności były one jednak gatunkami wyłącznymi dla tych siedlisk. W jaskini znajdującej się w Masywie Śnieżnika w Sudetach, w Chochołowskiej Szczelinie w Tatrach i w starych sztolniach pogórniczych znalezione były roztocze należące do gatunku *Vulgarogamasus maschkeae* (Micherdziński 1969). Był to gatunek wyłączny dla badanych jaskiń. Przedstawicieli *V.maschkeae* znalezionow 3 jaskiniach. Gatunkiem wyłącznym dla badanych jaskiń był również *Zercon baloghi*, znaleziony w 3 jaskiniach. W Schronisku koło Jaskini Lodowej wartość wskaźnika IndVal dla tego gatunku wynosiła 5,84%. Mašán i Fend'a (2004) podają, że jest to gatunek występujący w Słowackim Krasie.

Gatunki znalezione w badanych jaskiniach nie wykazywały zmian morfologicznych charakterystycznych dla stawonogów głębokich jaskiń, takich jak jasne zabarwienie, wydłużone wyrostki, zredukowana sklerotyzacja i wydłużenie ciała (Howarth 1983). Niektóre z tych zmian wykazali Żbikowska-Zdun i współautorzy (2009) dla populacji *Oribella cavatica* z jaskiń Beskidu Wyspowego.

W badanych jaskiniach nie stwierdzono troglobiontów. Z badań Culvera i in. (2006) wynika, że w Europie największe prawdopodobieństwo znalezienia wyspecjalizowanych gatunków jaskiniowych związane jest z obszarami o umiarkowanej temperaturze, wysokiej produktywności i dużym zagęszczeniu jaskiń, czyli w pasie pomiędzy 42 a 46 równoleżnikiem.

Na podstawie wykazów dotychczas stwierdzonych w Polsce gatunków Gamasina (Błaszak, Madej 1997, Skorupski 2008) w zebranym materiale znaleziono 4 nie wykazywane dotąd z naszego kraju. Były to:

- *Pergamasus arcuatus* gatunek wyłączny dla stanowiska zlokalizowanego bezpośrednio przed Schroniskiem koło Jaskini Lodowej,
- *Parasitus hortivagus* gatunek wyłączny dla Jaskini poniżej Lodowej,
- *Pachylaelaps sublongisetis*, znaleziony na 4 stanowiskach (w Jaskini poniżej lodowej oraz przed jaskiniami Lodową, Studnisko i pod Sokolą Górą)
- *Pachyglobolaelaps halliday* gatunek wyłączny dla bezpośredniego otoczenia Jaskini Jasnej.

5.3. Wpływ parametrów siedliskowych na różnorodność biologiczną w badanych jaskiniach

Większość dotychczasowych badań prowadzono w jaskiniach o rozwinięciu poziomym i znacznej długości (Lundqvist i in. 1999, Welbourn 1999, Culver, Sket 2000, Novak i in. 2003, Ducarme i in. 2004a, Papáč i in. 2006, Daohong 2007). Dla takich jaskiń próbowano stworzyć modele zależności między różnorodnością gatunkową a parametrami siedliskowymi. Culver i inni (2003) oraz Greaning i współautorzy (2006) wykazali, że bogactwo gatunkowe jest wprost proporcjonalne do długości jaskiń. Wyniki niniejszych badań nie potwierdziły tych wniosków. Korelacja między zagęszczeniem oraz różnorodnością gatunkową a długością jaskiń była, dla badanych jaskiń, ujemna. Różnorodność gatunkowa była również, w istotny statystycznie sposób, silnie ujemnie skorelowana z głębokością jaskiń. Takie wyniki uzyskali też Culver i in. (2003).

Analiza korelacji pomiędzy położeniem stanowisk w piętrze dolnym Jaskini Lodowej a wartością wskaźnika różnorodności gatunkowej H' wykazała, że wraz ze wzrostem odległości od głównego wejścia spada różnorodność gatunkowa. Takie wyniki uzyskali również Skubała, Kłyś (2002) oraz Ducarme i inni (2003). Wynika to z faktu, iż strefa wejściowa jest miejscem największego bogactwa gatunkowego z dużą ilością przypadkowych gatunków (Culver, Sket 2002, Ducarme i in. 2003, Daohong 2007, Romero 2009). Brak takiej zależności w pozostałych jaskiniach może być tłumaczony faktem, że jaskinie są siedliskiem o dużej heterogeniczności co wpływa na nierównomierne rozmieszczenie organizmów (Culver, Sket 2002, Moldovan i in. 2007). Przebieg krzywych znaczenia gatunków (RAD) wykreślonych dla badanych jaskiń, potwierdził taki wniosek. Brak istotnej korelacji między odległością od wejścia a różnorodnością gatunkową wynika też z budowy poszczególnych jaskiń. W miejscach gdzie znajdowały się dodatkowe duże otwory, jak np. w Jaskini pod Porzeczką czy Schronisku koło Jaskini Lodowej, następował wzrost zagęszczenia roztoczy w miejscach bezpośrednio położonych pod nimi. Brak takiego związku wykazano również w Jaskini Studnisko, która jest głęboką, pionową jaskinią i odległość od otworu wejściowego do pierwszego miejsca poboru prób wynosiła ponad 30 m.

Heterogeniczność jaskiń jest wynikiem nierównomiernego rozmieszczenia w nich mikrosiedlisk. Przebadano 6 typów mikrosiedlisk występujących zarówno w jaskiniach jak i przed nimi oraz 2 – właściwe tylko jaskiniom. Analiza klasyfikacji oraz kanoniczna analiza zgodności (CA), pozwoliły wyciągnąć wniosek, że istnieją duże różnice między tymi samymi typami mikrosiedlisk, w zależności od tego czy znajdowały się one w jaskinich czy też w ich otoczeniu, mimo iż pierwotnym źródłem mikrosiedlisk jest zawsze powierzchnia. Przeprowadzone badania dowodzą, że w niektórych jaskiniach różnorodność gatunkowa była wyższa lub podobna niż na powierzchni. Szczególnym przykładem jest drewno, którego nagromadzenie się w jaskiniach jest większe niż na zewnątrz. Ponadto, specyficzne warunki panujące w jaskiniach takie jak wysoka wilgotność powietrza czy bardziej stabilna temperatura powodują wolniejszy rozpad tego substratu, dzięki czemu zgrupowania roztoczy preferujące to siedlisko mogą się w pełni wykształcić (Sokołowska, Skubała 2007). Należy zwrócić uwagę, że próby zewnętrzne były pobierane w odległości 1m od głównego otworu co może tłumaczyć brak w tym miejscu niektórych typów mikrosiedlisk. Skały, w których powstały próżnie, podlegają wpływom czynników atmosferycznych, powodujących zmywanie i zsuwanie się warstw ściółki co uniemożliwia wykształcenie się pełnego profilu glebowego. Dla lepszego porównania wartości wskaźników różnorodności gatunkowej w różnych typach mikrosiedlisk występujących w obu środowiskach, należałoby powiększyć obszar badawczy.

Dla jaskiń typowymi mikrosiedliskami są namulisko, guano i szczątki zwierzęce. Osady jaskiniowe występują w każdej jaskini. Są one mieszaniną powstałą z rozkładających się ciał zwierząt i szczątków roślin oraz zerodowanych skał. Zwykle gromadzą się na dnie jaskini latami ale, mimo tego, mogą stanowić cienką warstwę nagromadzoną pomiędzy rumoszem skalnym. Wyniki niniejszych badań dowiodły, że brak jest w tym mikrosiedlisku zdecydowanych gatunków wskaźnikowych. Wydaje się więc, że jego skład gatunkowy jest wypadkową różnorodności gatunkowej innych mikrosiedlisk, co wynika również z analizy kumulującej (UPGMA) oraz dzielącej.

Na szczególną uwagę zasługują mikrosiedliska będące wynikiem obecności zwierząt w jaskiniach. Pierwszy typ to kości i brekcja kostna występujące bardzo często w jaskiniach. Często są to pozostałości dawno wymarłych zwierząt np. *Ursus spelaeus*, albo tych, które przypadkowo dostały się do jaskiń i którym nie udało się z nich wydostać czy też są wynikiem pozostałości po koloniach nietoperzy (Ochman, Wołoszyn 2000). Z przeprowadzonych badań wynika, że mikrosiedlisko to nie jest atrakcyjne dla roztoczy. Inaczej jest w przypadku guana. Wyniki analizy zgodności (CA) wykonanej dla mikrosiedlisk w badanych jaskiniach, oraz klasyfikacja dzieląca i kumulująca wskazały, że odchody nietoperzy są specyficznym iradykalnie odmiennym mikrosiedliskiem spośród wszystkich innych występujących w jaskiniach. Guano charakteryzowało się również największym zagęszczeniem roztoczy a różnica ta była istotna statystycznie. Guano w decydujący sposób wpływa na różnorodność gatunkową w jaskiniach co jest widoczne przy porównaniu jaskiń z guano i pozbawionych tego siedliska (Bellati i in. 2003). Rodzaj guana jest zależny od diety nietoperzy a wynikające z tego różnice w składzie chemicznym mają wpływ na strukturę zgrupowań organizmów w nich występujących (Emerson, Roark 2007). W Polsce, występują tylko nietoperze owadożerne (Postawa, Zygmunt 2000) i taki rodzaj guana jest najczęściej spotykany w jaskiniach strefy umiarkowanej. W porównaniu z innymi mikrosiedliskami, guano jest najważniejszym czynnikiem wpływającym na strukturę sieci pokarmowych w jaskini i pełni ważną rolę w ich zasilaniu (Benigno 2004, Moulds 2006). Autorzy ci zwracają jednak uwagę, że pojawienie się tego mikrosiedliska wywołuje gwałtowny spadek liczebności bezkręgowców (Collembola, Acari). Wynika to z dwóch powodów: po pierwsze, giną organizmy nie mogące przetrwać w tak ekstremalnych warunkach a po drugie, wzrasta liczba drapieżników. Guano jest mikrosiedliskiem dynamicznym, zależnym bezpośrednio od cyklu rozrodczego nietoperzy. Jego ilość zależy także od fluktuacji liczebności nietoperzy. Wpływa to na dynamikę zgrupowań mikrostawonogów, które charakteryzują się wysoką zmiennością, zmieniając się szybko i w krótkim czasie (Moulds 2006). Spośród badanych jaskiń, guano występowało w dwóch jaskiniach: w Jaskini Błotnej i Jaskini Studnisko. W tej ostatniej stanowiło ono grubą warstwę.

DYSKUSJA

Proste, hypogeiczne zgrupowania, w porównaniu z bardziej złożonymi zgrupowaniami organizmów żyjących na powierzchni, są dobrym modelem do studiowania interakcji międzygatunkowych takich jak: konkurencja czy drapieżnictwo (Culver 1970, 1973, Culver Pipan 2009). Ponadto, prosta struktura troficzna oraz duża ilość drapieżników, wpływają na to, że jaskinie są dobrym miejscem do badania niszy pokarmowych (Vignoli i in. 2006). Źródła pokarmu w jaskiniach są ograniczone i podlegają sezonowej zmienności, a fauna podziemna jest zależna od produkcji zewnętrznej (Culver, Sket 2000, Culver i in. 2006). W takich warunkach dochodzi do silnej konkurencji między gatunkami (Wassmer 1995). We wszystkich badanych jaskiniach nisze większości gatunków tam występujących nakładały się w dużym stopniu lub całkowicie, co świadczy o ich współwystępowaniu. Dwa gatunki mogą koegzystować pod warunkiem, że korzystają w odmienny sposób z dostępnych zasobów. Konkurencja o ograniczone zasoby np. pokarmowe, w przypadku badanych roztoczy może polegać na różnym ich wykorzystaniu. Roztocze Gamasina, podobnie jak pozostałe grupy tych organizmów, charakteryzują się dużym zróżnicowaniem pobierania pokarmu (Boczek, Błaszak 2005), co na podstawie korelacji między rodzajem pokarmu a parametrami morfometrycznymi chelicer wykazali Buryn, Brandl (1992). Odżywiają się skoczogonkami, innymi roztoczami, nicieniami, wazonkowcami, małymi larwami owadów, jajami i poczwarkami owadów (Boczek, Błaszak 2008). W przypadku braku jednego rodzaju pokarmu, mogą go zastąpić innym.

DYSKUSJA

Na organizmy zasiedlające jaskinie ma wpływ wiele czynników środowiskowych, które często przybierają wartości skrajne przez co siedliska te są wysoce stresujące dla organizmów (Summers Engel 2007). Jednym z takich czynników jest okresowe zalewanie, które ma wpływ na pojawianie się w jaskiniach gatunków akcydentalnych, wymywanie na zewnątrz tych, które tam występowały oraz powodującym śmierć organizmów nie przystosowanych do takich warunków (Ducarme, Lebrun 2004, Ducarme i in. 2004a). Zalewanie wnętrza jaskini przez wody opadowe, które dostają się tam przez przesączanie się przez skały wapienne, miało bezpośredni wpływ na bardzo niską liczebność roztoczy w osadach Jaskini Błotnej. Z przeprowadzonych badań wynika, że na różnorodność gatunkową w pozostałych jaskiniach największy wpływ miały: pH (korelacja dodatnia) oraz zawartość $CaCO_3$ i jonów K^+ (korelacja ujemna). W jaskiniach nie stwierdzono korelacji pomiędzy zawartością materii organicznej a liczebnością, zagęszczeniem i różnorodnością. Parametr ten miał natomiast istotny wpływ na roztocze glebowe znalezione na stanowiskach zewnętrznych. Takie wyniki uzyskali również Ducarme, Lebrun (2004). Do odmiennych wniosków doszedł Daohong (2007). Taka rozbieżność wynika zapewne z tego, że każda jaskinia jest odrębnym siedliskiem przez co trudno jest dla wszystkich jaskiń stworzyć ogólny model.

5.4. Różnice między fauną roztoczy jaskiń a środowiskiem zewnętrznym

Jak już wspomniano, jaskinie są specyficznym siedliskiem odmiennym od swojego otoczenia. O różnicach tych świadczyła różna liczebność i zagęszczenie roztoczy w tych dwóch typach siedlisk. Z przeprowadzonych badań wynika, że na stanowiskach zewnętrznych roztocze występowały w większej liczebności. Na większości stanowisk zagęszczenie było większe na zewnątrz. Takie same wyniki uzyskali Ducarme i inni (2004a, b), Ducarme i Lebrun (2004). Wyjątek stanowiły: Schronisko koło Jaskini Lodowej i Jaskinia Studnisko, dla których stwierdzono odwrotne zależności. Ponadto zagęszczenie w jaskiniach jest bardziej zmienne (Ducarme i in. 2003). Analiza porównawcza zgrupowań roztoczy jaskiń i stanowisk powierzchniowych wykazała również, że istnieją różnice w liczbie gatunków i wartości wskaźników różnorodności dla tych stanowisk. Większa różnorodność roztoczy występowała w najbliższym otoczeniu jaskiń. Dla większości stanowisk różnice te były istotne statystycznie. Podkreślają to również w swoich badaniach Culver, Sket (2000). Jaskinia poniżej Lodowej, okazała się siedliskiem o większej różnorodności a różnice wartości H', H_{max} i e pomiędzy Schroniskiem koło Jaskini Lodowej a jej otoczeniem były nieznaczne. Jest to zgodne z badaniami Schneider, i współautorów (2007), z których wynika, że izolacja środowiskowa może nie mieć znaczącego wpływu na różnorodność.

DYSKUSJA

O stabilności i stopniu rozwoju zgrupowań świadczy struktura dominacji i stałości. W jaskiniach była ona często zaburzona, a dla każdej z nich tworzyła odrębny model. Zaburzenia te wynikały z obecności superdominantów czy niewykształcenia się pełnej struktury dominacji. Większość stanowisk zewnętrznych reprezentuje ten sam typ siedliska (las bukowy) co miało wpływ na pojawienie się jednego wspólnego dominanta. Dla stanowisk tych struktura dominacji była w pełni wykształcona o dużej liczbie gatunków tworzących najniższe klasy (tzw. „ogon rozkładu") charakterystyczna dla układów o dużym stopniu mozaikowatości środowiska (Trojan, Wytwer 1996). Wyjątek stanowią stanowiska w Sokolich Górach, gdzie stwierdzono obecność superdominanta i zaburzenie struktury stałości. Na wykształcenie takich struktur mógł mieć wpływ intensywny ruch w pobliżu wejścia do jaskiń, które stanowią dużą atrakcję turystyczną. Szczególnie jaskinia Studnisko, jako bardzo trudna technicznie, jest chętnie wybierana przez taterników jaskiniowych ale także jest miejscem wycieczek dużej liczby amatorów chcących przeżyć ekstremalną przygodę. Negatywny wpływ turystyki na mikrostawonogi glebowe podkreślili w swojej pracy Koehler i in. (1996) oraz Ikner i in. (2006).

Analiza porównawcza struktury dominacji i stałości zgrupowań roztoczy wykazała różnice pomiędzy jaskiniami a ich bezpośrednim otoczeniem. Wynika z nich także, że jaskinie połączone ze sobą tak jak piętro dolne i górne Jaskini Lodowej są odrębnymi siedliskami, mimo iż połączenie to sprawia, że część materii organicznej zgromadzonej w górnej części tej próżni wpada do piętra dolnego.

DYSKUSJA

Klasyfikacja stanowisk dostarczyła dodatkowych wyników, świadczących o odrębności środowiska podziemnego i o różnicach pomiędzy każdą z jaskiń. Metoda grupowania Warda okazała się lepszą metodą porównawczą stanowisk, niż metoda UPGMA gdyż, opierając się na analizie wariancji, pozwoliła uwypuklić zmienność obu typów siedlisk. Porównanie jaskiń i siedlisk zewnętrznych przy pomocy współczynnika Sørensena a także analiza TWINSPAN, pozwoliły podzielić stanowiska na dwie grupy. Analizy te wykazały, że Jaskinia Jasna była stanowiskiem odrębnym od pozostałych jaskiń. Jaskinia ta zlokalizowana jest w odmiennym zbiorowisku roślinnym niż pozostałe jaskinie, dlatego też, pod względem gatunkowym, była bardziej podobna do swojego otoczenia, które ma bezpośredni wpływ na skład gatunkowy zgrupowań wewnątrz jaskiń (Gers 1998, Ducarme i in. 2004b). Analiza ta oraz porównanie zgrupowań przy użyciu odległości euklidesowej, potwierdziły również, że nawet jaskinie połączone ze sobą mogą być całkowicie różnymi siedliskami. Zastosowanie do klasyfikacji odległości euklidesowej pozwoliło również na uwypuklenie różnic pomiędzy zgrupowaniami roztoczy J. Studnisko a zgrupowaniami pozostałych jaskiń. Kanoniczna analiza zgodności (CA) wykazała, że zgrupowania roztoczy w jaskiniach różnią się od zgrupowań glebowych. Takie wyniki uzyskali również Ducarme i in. (2004a).

Analiza bezpośrednia pozwoliła określić, które parametry siedliskowe charakteryzujące jaskinie i siedliska zewnętrzne miały wpływ na zagęszczenie i bogactwo gatunkowe roztoczy tam występujących. W piśmiennictwie brak jest wyników wieloczynnikowej analizy porównawczej tych dwóch typów środowisk odnośnie wpływu parametrów fizyko-chemicznych na roztocze zasiedlające jaskinie i ich otoczenie. Czynnikami środowiskowymi o istotnym wpływie na rozmieszczenie badanych roztoczy pomiędzy jaskiniami a środowiskiem zewnętrznym były: światło, wilgotność powietrza, koncentracja Na^+ i pH. Obecność lub brak światła oraz różna wilgotność były czynnikami tłumaczącymi różnice między jaskiniami a stanowiskami zewnętrznymi. Czynniki te miały też bezpośredni wpływ na to, że Jaskinia Jasna okazała się siedliskiem bardziej podobnym do stanowisk zewnętrznych niż do innych jaskiń. Zawartość węgla organicznego wydaje się mieć większy wpływ na zgrupowania roztoczy na stanowiskach powierzchniowych niż w jaskiniach. Analiza korelacji rang Spearmana potwierdziła ten wniosek. Takie wyniki uzyskali też Ducarme i in. (2004a) oraz Ducarme, Lebrun (2004). Brak istotności statystycznej wpływu zawartości C_{org} na zagęszczenie i różnorodność gatunkową w analizie ordynacyjnej może wynikać z tego, że niektóre jaskinie odznaczały się również wysoką koncentracją tego czynnika. Widoczne jest to na diagramie kanonicznej analizy zgodności (CCA) dla jaskiń, z którego wynika, że był on głównym czynnikiem wpływającym na różnice między piętrem dolnym i górnym Jaskini Lodowej. Schneider i in. (2007) podkreślają, że na zagęszczenie mikrostawonogów wpływają również w znaczący sposób temperatura i wilgotność. Analiza ordynacyjna CCA potwierdziła wcześniejsze wnioski, że zawartość guano i pH mają znaczący wpływ na zmienność roztoczy zasiedlających jaskinie. Wpływ tych parametrów na mikrostawonogi podkreślił w swojej pracy Moulds (2006). Obecność guano w Jaskini Studnisko oraz niższe pH, będące wynikiem dużego nagromadzenia rozkładającego się drewna w Jaskini pod Sokolą Górą, tłumaczą również różnice między tymi jaskiniami występujące pomimo tego, iż położone są w tym samym masywie skalnym.

Zróżnicowanie wewnętrzne grupy stanowisk powierzchniowych, jest także uzależnione od gradientów zmiennych środowiskowych. Najbardziej odrębne od innych są zgrupowania roztoczy stanowisk znajdujących się w Sokolich Górach, co jest zapewne wynikiem ujemnej korelacji względem pH i wilgotności gleby. Stanowiska te położone są w odmiennym typie zbiorowiska roślinnego (kwaśna buczyna), co wydaje się być bezpośrednią przyczyną takiego położenia tych stanowisk w przestrzeni ordynacyjnej. Należy również zwrócić uwagę, że zarówno stanowisko przed Jaskinią Studnisko jak i przed Jaskinią pod Sokolą Górą są mniej zróżnicowane niż te dwie jaskinie mimo iż odległość je dzieląca jest taka sama. Jaskinia Jasna położona jest wśród zadrzewień śródpolnych, a cały kompleks skalny, w którym się znajduje otoczony jest przez pola uprawne. Powoduje to, że na zewnątrz tej jaskini dochodzi do większych zmian temperatury i wilgotności niż w lesie, w którym zlokalizowane są pozostałe stanowiska. Dlatego też zmieniający się wzdłuż osi kanonicznych gradient tych czynników, spowodował „przesunięcie" stanowiska przed Jaskinią Jasną w przestrzeni ordynacyjnej diagramu w stosunku do innych stanowisk zewnętrznych.

5.5. Drogi zasiedlania jaskiń przez roztocze

Roztocze, podobnie jak i inne mikrostawonogi glebowe dostają się do jaskiń z zewnątrz. Istnieje wiele dróg zasiedlania tych środowisk. Jaskinie wapienne, występują w kompleksach skalnych. Osuwająca się po skałach ściółka, gleba, drewno przenoszą ze sobą organizmy w nich się znajdujące. Roztocze mogą być przenoszone również przez wodę, podczas okresowego zalewania jaskiń. Przenoszenie roztoczy z prądem wody potwierdzili Weigmann, Wohlgemuth-von Reiche (1999), Gjelstrup (2000). Tłumaczy to dużą ilość gatunków akcydentalnych w jaskiniach. Również zwierzęta i ludzie przyczyniają się do migracji mikrostawonogów ze środowiska zewnętrznego (Solarz i in. 2002, Ducarme i in. 2004a). Dlatego też w jaskiniach spotykana jest duża ilość gatunków foretycznych (Palacios-Vargas, Gamboa-Vargas 1997, Ducarme i in. 2004a, b). Forezja jest wysoce efektywnym sposobem przemieszcznia się. Pozwala ona na szybkie kolonizowanie nowych terenów, przez gatunki o ograniczonej mobilności (Błoszyk i in. 2006). Do gatunków foretycznych, których przedstawicieli znaleziono w badanych jaskiniach należał *Macrocheles recki*, przenoszony przez Scarabaeidae (Mašán 1994). Gatunkami foretycznymi są również: *Hypoaspis aculeifer* (Krištofik i in. 1996, Gwiazdowicz 2000d, Kofler, Schmölzer 2000), *Proctolaelaps pygmaeus*, *Vulgarogamasus remberti*, *Zerconospis remiger* (Krištofik i in. 1996), *Cyrtolaelaps mucronatus*, *Euryparasitus emarginatus Vulgarogamasus kraepelini* (Ambros, Stanko

1989, Kofler, Schmölzer 2000), *Veigaia nemorensis* (Kofler, Schmölzer 2000), *Arctoseius cetratus* (Lindquist 1975), *Pergamasus brevicornis*, *Pergamasus crassipes*, *Eviphis ostrinus*, *Haemogamasus nidi*, *Geholaspis longispinosus* (Ambros, Stanko 1989), *Pachylaelaps imitans* (Kojumdżijeva 1981) oraz *Gamasodes spiniger* (Mašán, Krištofík 1992). Wiele spośród tych foretycznych gatunków stwierdzono na rozkładających się szczątkach bezkręgowców i kręgowców (Perotti, Braig 2009). Wymienione gatunki stanowiły 40,26% liczebności roztoczy Gamasina w badanych jaskiniach.

5.6. Znaczenie jaskiń

Jak wykazano w przeprowadzonych badaniach, jaskinie wpływają na lokalną różnorodność biologiczną. Ich obecność powoduje znaczny wzrost liczby gatunków na danym terenie. Potwierdzają to wyniki innych badań (Halliday 2001, Culver i in. 2003, Ducarme i in. 2004a, b, Elliott 2007). Jaskinie są też miejscem, w którym znaleźć można nowe lub rzadkie gatunki np.: *Proctolaelaps holmi*, *Athiasella caverna*, *Athiasella stefani*, *Geomasus fornir* czy *Pachylaelaps hades* z jaskini Jenolan Caves z Nowej Południowej Walii (Halliday 2001), *Hanriccardoella fani* (André i in. 2004), *Hypogeoppia belgica* z jaskiń Belgii (Wauthy, Ducarme 2006), *Veigaia hubarti* i *Veigaia leruthi* Willmann, 1935 (Mašán, Madej w druku).

Jaskinie, jako proste ekosystemy pomagają zrozumieć model bioróżnorodności gleby. Badając występujące tam zgrupowania, możemy poznać odpowiedź glebowych organizmów na zmiany zachodzące w środowisku (Wall, Ross 1999). Stabilność ekosystemów jaskiniowych zależna jest od różnorodności fauny glebowej (Xiang i in. 2003). Ponadto, w jaskiniach można przeprowadzać wiele analiz służących do modelowania procesów ekologicznych (Culver 1970, 1971, 1973, Gers 1998), a niektóre z nich dostarczają wiadomości o procesie chemosyntezy (Summers Engel 2007).

Jak wspomniano wcześniej, w Polsce brak jest prac poświęconych badaniu roztoczy jaskiniowych. Przeprowadzone badania dowiodły, że siedliska te mogą dostarczyć wielu cennych wiadomości na temat ekologii roztoczy i poszerzyć wiadomości na temat ich występowania.

5.7. Ochrona jaskiń

Ochrona jaskiń jest ważna w kontekście zachowania bioróżnorodności (Culver, Sket 2002). Fauna jaskiń jest szczególnie wrażliwa na zaburzenia z powodu jej ograniczonego występowania w nieciągłych środowiskach i izolowany „wyspowy" charakter rozmieszczenia (Slaney, Weinstein 1997). Organizmy zasiedlające jaskinie są w głównej mierze zależne od zewnętrznych autotroficznych sieci pokarmowych. Zanieczyszczenia pochodzące z zewnątrz, przedostając się do namuliska, guano, podziemnych źródeł wpływają na organizmy skupione w tych mikrosiedliskach. Paoletti i współautorzy (2009) dowiedli, że w organizmach troglobiontów dochodzi do kumulacji metali ciężkich takich jak: Cu, Zn i Cd. Ponadto kwaśne deszcze przyczyniają się do szybszego rozpuszczenia skał wapiennych, w których znajdują się jaskinie. Jak dowiodły przeprowadzone badania, zaburzenia na skalę lokalną takie jak nieprzemyślana i amatorska eksploracja jaskiń czy nadmierny ruch turystyczny przyczyniają się do wymierania fauny jaskiniowej często jeszcze przed jej odkryciem. Narażone są szczególnie jaskinie bardzo łatwe i trudne technicznie. Pierwsze z nich, jak Jaskinia Jasna, są narażone na bezmyślne akty wandalizmu. Druga grupa jaskiń, jak Jaskinia Studnisko, są główną atrakcją w tzw. obozach przetrwania (Jawor 2010). Często w jaskiniach prowadzone są też prace wykopaliskowe przez speleologów chcących znaleźć nowe podziemne korytarze i połączenia. Zawsze jednak należy rozważyć jaką szkodę dla ekosystemu jaskiniowego przyniosą takie działania. Potrzebę ochrony jaskiń dostrzega wielu ekologów. Prace Elliotta (2004, 2006) podają kierunki w które powinna zmierzać ochrona tych siedlisk. Aby móc określić sposoby ochrony jaskiń potrzebne są szczegółowe i kompleksowe badania organizmów zasiedlających to środowisko. Pomocny w tym może być np. apel adresowany do speleologów, wzorem apelu wystosowanego przez prof. Rafalskiego w 1973r. do uczestników wypraw wysokogórskich (Nyka 1978), o zebranie z jaskiń, oczywiście w ograniczonej ilości, próbek do celów naukowych.

W celu pogłębienia świadomości ekologicznej potrzebne są prace popularnonaukowe i informacyjne jak np.: Wildlife Cave Ecology (2003) czy przewodniki The Virtual Caves, Journey into Amazing Caves.

6. PODSUMOWANIE I WNIOSKI

1. W badanych jaskiniach zebrano 105 gatunków roztoczy Gamasina zasiedlających to środowisko.
2. Jaskinie są specyficznymi środowiskami, których odmienność wynikajaca z ekstremalnych wartości parametrów siedliskowych wpływa na tworzenie się lokalnych struktur ekologicznych.
3. Siedliska podziemne są miejscem życia wielu rzadkich gatunków.
4. Jaskinie o klimacie zimnym statycznym mogą być miejscem życia gatunków występujących zwykle w zimnych strefach klimatycznych.
5. W badanych jaskiniach, występowały gatunki troglofilne, majace charakter gatunków wskaźnikowych. Nie stwierdzono natomiast troglobiontów.
6. Duża ilość gatunków akcydentalnych w jaskiniach spowodowana jest ich przypadkowym dostaniem się do jaskiń.
7. W badanych jaskiniach stwierdzono duży udział gatunków foretycznych.
8. Stwierdzono ujemną korelację miedzy długością jaskini a zageszceniem roztoczy i różnorodnością gatunkową i między różnorodnością gatunkową a głębokością.
9. W jaskiniach pionowych czy posiadających więcej niż jeden otwór, nie ma korelacji między zagęszczeniem i bogactwem gatunkowym roztoczy a odległością od głównego wejścia.

POSUMOWANIE I WNIOSKI

10. Różnorodność jaskinowa jest wynikiem oddziaływania środowiska zewnętrznego.
11. Jaskinie są siedliskami heterogenicznymi co wynika z nierównomiernego rozłożenia wewnątrz nich mikrosiedlisk.
12. Każda jaskini posiada swoją własną „paletę" mikrosiedlisk co decyduje o tym, że nawet jaskinie połączone ze sobą są odrębnymi siedliskami.
13. Guano jest najbardziej odrębnym od innych mikrosiedliskiem jaskiniowym.
14. Pomiędzy typami mikrosiedlisk występującymi zarówno w jaskiniach jak i przed nimi, istnieją istotne różnice w zageszczeniu i różnorodności gatunkowej roztoczy.
15. Pomiędzy jaskiniami połączonymi czy położonymi blisko siebie istnieje większa różnorodność niż między stanowiskami zewnętrznymi, przez co jaskinie przyczyniają się do zwiększenia bioróżnorodności terenów na których występują.
16. Odrębność i niepowtarzalność pojedynczych jaskiń powoduje trudności w stworzeniu ogólnego ekologicznego modelu dla tych siedlisk.
17. Światło, wilgotnośc powietrza, obecnośc guano i wartość pH- to czynniki decydujące o odrębności środowiska jaskiniowego i zewnętrznego.
18. Jaskinie są dobrym miejscem do studiowania procesów ekologicznych.

POSUMOWANIE I WNIOSKI

19. Jaskinie powinny być objete szczególnym programem ochronnym, który przyczyniłby się do zachowania nietrwałej równowagi jaskiń.
20. Ze względu na słabe poznanie fauny roztoczy zasiedlającej jaskinie potrzebne są dalsze badania w tej dziedzinie.

7. PIŚMIENNICTWO

1. Ambros M., Stanko M. 1989: Poznámky k faune roztočov (Acari: Mesostigmata) drobnych zemných Cicavcov (Insectivora, Rodentia) z Územia Chránenej Krajinnej Oblasti Východné Karpaty. Ochrana Prírody 10: 490-501.
2. André H. M., Ducarme X., Lebrun P. 2002: Soil biodiversity: myth, reality or conning? Oikos 96: 3-24.
3. André H. M., Ducarme X., Lebrun P. 2004: New ereynetid mites (Acari: Tydeoidea) from karstic areas: True association or sampling bias? Journal of Cave and Karst Studiea, 66, 3: 81-88.
4. Andrzejewski R. 1996: Ekologiczne problemy ochrony różnorodności biologicznej. Zeszyty Naukowe „Człowiek i Środowisko" 15: 71-86.
5. Baggini A., Pavan M. 1955: Studi sugli Scorpioni. Italian Journal of Zoology 22, 2: 329-340.
6. Barczyk G., Madej G. 2015 Comparison of the species composition of Gamasina mite communities (Acari: Mesostigmata) in selected caves of the Kraków-Częstochowa Upland (southern Poland) and their immediate surroundings. Journal of Natural History 49 (27-28): 1673-1688.
7. Barr Jr T. C. 1968: Cave ecology and the evolution in troglobites.W: Dobzhansky T. H., Hecht M. K., Steere W. C. (red.): Evolutionary biology 2. Plenum Press, New York: 35-102.

PIŚMIENNICTWO

8. Barr Jr T. C., Holsinger J. R. 1985: Speciation in cave faunas. Annual Review of Ecology 16: 313-317.

9. Bellati J., Austin A. D., Stevens N. B. 2003: Arthropod diversity of guano and non-guano caves at the Naracoorte caves world heritage area, South Australia. Records of the South Australia Museum Monograph Series No.7: 257-265.

10. Błaszak C. 1974: Zerconidae (Acari, Mesostigmata) Polski. Monografie Fauny Polski. Tom.3. Polska Akademia Nauk, Zakład Zoologii Systematycznej i Doświadczalnej, PWN, Warszawa, Kraków: 1-315.

11. Błaszak C. Madej G. 1997: Parasitiformes (=Anactinotrichida), 1. Gamasida (Mesostigmata): Antennophorina, Microgyniina, Sejina, Gmasina. W: Razowski J. (red.). Wykaz zwierząt Polski. Wydawnictwo Instytutu Systematyki i Ewolucjii Zwierząt PAN, Kraków, 4: 190-202.

12. Błędzki A. L. 2007: Metoda porównania bogactwa gatunkowego i różnorodności gatunkowej. Część I, II, Bioskop 01/07, 02/07: 18-22, 20-23.

13. Błoszyk J., Klimczak J., Leśniewska M. 2006: Phoretic relationships between Uropodina (Acari: Mesostigmata) and centipedes (Chilopoda) as an example of evolutionary adaptation of mites to temporary microhabitats. European Journal of Entomology 103: 699-707.

14. Boczek J., Błaszak C. 2005: Roztocze (Acari). Znaczenie w życiu i gospodarce człowieka. Wydawnictwo SGGW, Warszawa, 1-267.

PIŚMIENNICTWO

15. Bregetova N. G., 1956: Gamazowyje klešči (Gamasoidea), kratkij oprjedjelitiel'. Izdatjelstvo Akademii Nauk SSSR, Moskwa, Leningrad: 1-246.

16. Buryn R., Brandl R. 1992: Are the morphometrics of chelicerae correlated with diet in mesostigmatid mites (Acari)? Experimental Applied Acarology 14: 67-82.

17. Chao A. 1984: Non-parametric estimation of the number of classes in a population. Scandinavian Journal of Statistics 11: 265-270.

18. Chao A. 1987: Estimating the population size for capture-recapture data with unequal matchability. Biometrics 43: 783-791.

19. Chao A., Lee S.-M. 1992: Estimating the number of classes via sample coverage. Journal of the America Statistical Association 87: 210-217.

20. Chapman P. 1982: The orgin of troglobites. Proceedings of the University of Bristol Speleological 16, 2: 133-141.

21. Christiansen K. 1962: Proposition pour la classification des animaux cavernicoles. Spelunca Bulletin et Mémoires de la Société de Spéléologie 2: 76-78.

22. Christiansen K. 1965: Behavior and form in the evolution of cave collembola. Evolution 19, 4: 529-537.

23. Coineau Y., Haupt J., Delamare-Deboutteville C., Théron P. 1978: Un remarquable exemple de convergence écologique: l'adaptation de *Gordialycus tuzetae* (Nematalycidae, Acariens) à la vie dans les interstices des sables fins. Comptes rendus hebdomadaires des

séances de l'Académie des sciences. Série D: Sciences naturelles 287: 883-886.

24. Colwell R. K., Futuyama D. J 1971: On the measurement of niche breadth and overlap. Ecology 52: 567-576.
25. Cooreman J. 1959: Notes sur queques Acariens de la faune cavernicole(2me Serie). Bulletin de l'Institut Royal des Sciences Naturelles de Belgique Biologie: 35: 1-40.
26. Corel Corporation 2008: COREL PHOTO-PAINT x4, wersja 14.0.0.567.
27. Culver D. C. 1970: Analysis of Simple Cave Communites: niche separation and species packing. Ecology 51, 6: 949-958.
28. Culver D. C. 1971: Analysis of Simple Cave Communites III. Control of Abundance. The American Midland Naturalist 85, 1: 173-187.
29. Culver D. C. 1973: Competition in spatially heterogeneous systems: an analysis of simple cave communities. Ecology 54, 1: 102-110.
30. Culver D. C. 1982: Cave Life: Evolution and Ecology. Cambridge, Massachusetts, Harvard University Press: 1-189.
31. Culver D. C., Christman M. C., Elliott W. R., Hobbs III H. H., Reddell J. R. 2003: The North American obligate cave fauna: regional patterns. Biodiversity and Conservation 12: 441-468.
32. Culver D. C., Deharveng L., Bedos A., Lewis J.J., Madden M., Reddell J. R., Sket B., Trontelj P., White D. P. 2006: The mid-latitude biodiversity ridge in terrestrial cave fauna. Ecography 29: 120-128.

33. Culver D. C., Pipan T. 2009: The Biology of Caves and Other Subterranean Habitats. Oxford Uniwersity Press: 1-256.

34. Culver D. C., Sket B. 2000: Hotspots of subterranean biodiversity in caves and wells. Journal of Cave and Karst Studies 62, 1: 11-17.

35. Culver D. C., Sket B. 2002: Biological monitoring in caves. Acta Carsologica 31/1, 4: 55-64,

36. Ćurčić B. P. M., Radović, I. 1998: The hypogean fauna in Serbia: from surface to soil to caves (Hipogejska fauna u Srbiji: od površine, do zemljišta do pećina). W: Đurović P. (red.). Speleological atlas of Serbia (Speleološki atlas Srbije). Geografski institut "Jovan Cvijić" SANU, Biološki fakultet Univerziteta u Beogradu. Serbian Academy of Sciences and Arts, Special Issues (Sanu, Posebna izdanja) 52: 59-75.

37. Daohong L. 2007: Correlation between the animal community structure and environmental factors in Jialiang and Boduo caves of Guizhou Province, China. Acta Ecologica Sinica 27, 6: 2167-2176.

38. Demel K. 1918: Fauna jaskiń ojcowskich. Sprawozdania TNW, Wydział Nauk Matematyczno-Przyrodniczych 11: 623-659.

39. Dielmann M. 1991: Zur Taxonomie der Raubmilben (Acari: Gamasina) unter besonderer Berücksichtigung der Gattung *Pergamasus* Berlese, 1904. Dissertation, Karlsrue: 1-275.

40. Ducarme X., André H. M., Wauthy G., Lebrun P. 2004a: Comparison of endogeic and cave communites: microarthropod density and mite species richness. European Journal of Soil Biology 40: 129-138.

41. Ducarme X., Lebrun P. 2004: Spatial microdistribution of mites and organic matter in soil sand caves. Biology and Fertility of Soils 39: 457-466.

42. Ducarme X., Michel G., Lebrun P. 2003: Mites from Belgian Caves: an extensive study. Subterranean Biology 1: 13-23.

43. Ducarme X., Wauthy G., André H. M., Lebrun P. 2004b: Survey of mites in caves and deep soil and evolution of mites in these habitats. Canadian Journal of Zoology 82: 841-850.

44. Dufrêne M., Legendre P. 1997: Species assemblages and indicator species: the need for a flexible asymmetrical approach. Ecological Monographs 67: 345-366.

45. Dylewska M., Błoszyk J. 2006: *Phaulodiaspis advena* (Trägårdh, 1992) – interesujący roztocz z jaskiń Ojcowskiego Parku Narodowego (Acari: Mesostigmata). Prądnik, Prace Muzeum Szafera 16: 165-168.

46. Dzwonko Z. 2007: Przewodnik do badań fitosocjologicznych. Sorus: 200-250.

47. Elliott W. R. 2004: Protecting Caves and Cave Life. Culver D. C., White W. B. (red.). Encyclopedia of Caves. Elsevier Academic Press: 458-467.

48. Elliott W. R. 2006: Biological Dos and Don'ts for Cave Restoration and Conservation. W: Werker H. V., Werker J. (red.). Cave Conservation and Restoration, NSS: 33-46.

49. Elliott W. R. 2007: Zoogeography and biodiversity of Missouri caves and karst. Journal of Cave and Karst Studies 69, 1: 135-162.

50. Elliott W. R., City J. 2005: Critical issues in cave biology. National Cave and Karst Management Symposium: 35-39.

51. Emerson J. K., Roark A. M. 2007: Composition of guano produced by frugivorus, sanguivorous and insectivorous bats. Acta Chiropterologica 9, 1: 261-267.

52. Fend'a P., Košel V. 2000: Roztoče (Acarina: Mesostigmata) jaskýň Slovenského Raja. W: Mock A., Kováč L'., Fulín M. (red.). Fauna jaskýň (Cave Fauna): 21-30.

53. Ferreira R. L., Horta L. C. 2001: Natural and human impacts on invertebrate communities in Brazilian caves. Brazilian Journal of Biology 61, 1:7-17.

54. Gerič B., Pipan T., Mulec J. 2004: Diversity of culturable bacteria and meiofauna in the epikarst of Škocjanske jame caves (Slovenia). Acta Carsologica 33/1 (20): 301-309.

55. Gers C. 1998: Diversity of energy fluxes and interactions between arthropod communities: from Soil to Cave. Acta Oecologica 19, 3: 205-213.

56. Giljarov M. C. (red.) 1977: Opriedielitiel' obitajuščich w počve kleščej Mesostigmata, Wydawnictwo Nauka. Leningrad: 1-719.

57. Giller P. S. 1996: The diversity of soil communities, the 'poor man's tropical rainforest'. Biodiversity and Conservation 5: 135-168.

58. Gjelstrup P. 2000: Soil mites and Collembolans on Surtsey, Iceland, 32 years after the eruption. Surtsey Research, 11:43-50.

59. Gliwicz J. 1992: Rożnorodność biologiczna: nowa koncepcja ochrony przyrody. Wiadomości Ekologiczne 38, 4: 211-219.

60. Gotelli N. J., Graves. G. R. 1996. Null models in ecology. Smithsonian Institution Press, Washington, DC: 1-368.

61. Górny M., Grüm L. (red.) 1981: Metody stosowane w zoologii gleby. Wydawnictwo Naukowe PWN, Warszawa, 1-483.

62. Graening G. O., Slay M. E., Bitting C. 2006: Cave Fauna of the Buffalo National River. Journal of Cave and Karst Studies 68, 3: 153-163.

63. Gwiazdowicz D. J. 2007: Ascid mites (Acari, Mesostigamat) from selected forest ecosystems and microhabitats in Poland. Wydawnictwo Akademii Rolniczej im. Augusta Cieszkowskiego, Poznań: 1-248.

64. Gwiazdowicz D. J., Fabrowski M. 2001: Mites (Acari, Gamasida) of the Ojców National Park. Parki Narodowe i Rezerwaty Przyrody 20, 4: 35-2001.

65. Polonorum – Silvarum Colendarum Ratio et Industria Lignaria 3, 2: 49-55.

66. Hågvar S. 1998: The relevance of the Rio-Convention on biodiversity to conserving the biodiversity of soils. Applied Soil Ecology 9: 1-7.

67. Halliday R. B. 2001: Mesostigmatid mite fauna of Jenolan Caves, New South Wales (Acari: Mesostigmata). Australian Journal of Entomology 40, 4: 299-311.

68. Hammer Ø., Harper D. A. T., Ryan P. D. 2001: PAST: Paleontological Statistics Software Package for Education and Data Analysis. Palaeontologia Electronica 4, 1: 1-9.

69. Hill M. O. 1979: TWINSPAN: A FORTRAN program for arranging multivariate data in an ordered two-way table by classification of the individuals and attributes. Cornell University, Ithaca, NY, US.

70. Hirschmann W., Wiśniewski J. 1982a: Weltweite Revision der Gattungen *Dendrolaelaps* Halbert 1915 und *Longoseius* Chant 1961 (Parasitiformes). Beschreibung der Untergattungen und Arten, Bestimmungstabellen, Chaetotaxie, Porotaxie. Acarologie, Nürnberg, 29-I: 1-190.

71. Hirschmann W., Wiśniewski J. 1982b: Weltweite Revision der Gattungen *Dendrolaelaps* Halbert 1915 und *Longoseius* Chant 1961 (Parasitiformes). Artenverzeichnisse, Krankheiten, Missbildungen, Inseminationsapparate, Abbildungen. Acarologie, Nürnberg, 29-II: 1-48 (94 tabl).

72. Howarth F. G. 1981: Non-relictual troglobites in the tropical Hawaiian caves. Proceedings of the 8th International Congress of Speleology: 1-16.

73. Howarth F. G. 1983: Ecology of cave arthropods. Annual Review of Entomology 28: 365-389.

74. Howarth, F. G. 1986: The tropical cave environment and the evolution

of troglobites. Proceedings of the 9th International Congress of Speleolgy: 153-155.

75. Howarth, F. G., Stone. F. D. 1990: Elevated carbon dioxide levels in Bayliss Cave, Australia: implications for the evolution of obligate cave species. Pacific Science 44: 207-18.

76. Hyatt K. H. 1980. Mites of the subfamily Parasitinae (Mesostigmata: Parasitidae) in the Britisch Isles. Bulletin of the British Museum (Natural History) 38, 5: 1-378.

77. Ikner L. A., Toomey R. S., Nolan G., Neilson J. W., Pryor B. M., Maier R. M. 2006: Culturable Microbial Diversity and the Impact of Tourism in Kartchner Caverns, Arizona. Microbial Ecology 53, 1: 30-42.

78. James J. M. 1997: Carbon dioxide in the cave atmosphere. Transactions of the British Cave Research Association 4: 417-429.

79. Jawor P. 2010: Ustawka z fobią i odparzeniami. Gazeta Wyborcza Kraków, 26 listopada 2010: 10-11.

80. Jongman R. H. G., ter Braak C. J. F., van Tongeren D. F. R. (red.) 1987: Data analysis in community and landscape ecology. Pudoc, Wageningen: 213-251.

81. Juberthie C., Decu V. 1994: Structure et diversite du domaine souterrain; particularites des habitats et adaptations des especes, W: Juberthie C., Decu V. (red.): Encyclopedia Biospeologica, Tome I. Bucarest, Moulis, France. Societe de Biospeologie: 5-22.

82. Kamczyc J. 2006: Microhabitat preferences of *Veigaia mollis* Karg, 1971 in the mountain reserve „Szczeliniec Wielki". Biological Letters 43, 2: 193-195.

83. Karg W. 1993: Acari (Acarina), Milben Parasitiformes (Anactinochaeta) Cohors Gamasina Leach Raubmilben. Die Tierwelt Deutchlands 59, Fischer, Jena, Germany: 1-523.

84. Karg W., Freier B. 1995: Parasitiforme Raubmilben als Indikatoren für den ökologischen Zustand von Ökosystemen. Mitteilungen aus der Biologischen Bundesanstalt für Land – und Forstwirtschaft Berlin – Dahlem, 308: 1-96.

85. Koehler H., Harder H., Meyerdierks J., Voigts A. 1996: The effect of trampling on the microarthropod fauna of dune sediments. A case study from Jutland, Denmark. W: Jones P. S. i in. (red.). Studies in European Coastal Management. Cardigan, UK: 221-231.

86. Kofler A., Schmölzer K. 2000: Zur Kenntnis phoretischer Milben und iher Tragwirte in Österreich (Acarina: Gamasina, Uropodina). Naturwissenschaftlich-Medizinischer Verein in Innsbruck 87: 133-157.

87. Koilraj A. J., Marimuthu G. 1999: A comparison of eye and body surface between surface and cave-dwelling millipedes. Current Science 77, 3: 339-340.

88. Kojumdżijeva M. N. 1981: Gamazovyje klešči (Gamasodes, Parasitiformes) żukov-navoznikov (Coleoptera, Scarabaeidae). Acta Zoologica Bulgarica. 17: 17-26.

89. Kováč L., Mock A., L'uptáčik P., Višňovská Z., Fend'a P. 2006: Bezstavovce (Evertebrata) Dobšinskej ľadovej jaskyne (Slovenský raj). Výskum, využívaniea ochrana jaskýň 5, zborník referátov, SSJ, Demänovská dolina 2005, Liptovský Mikuláš: 179-186.

90. Kovach W. L. 1985-1999: MVSP PLUS version 3.1. Pentraeth, UK.

91. Kowalski K. 1955: Fauna Jaskiń Tatr polskich. Ochrona Przyrody 23: 283-333.

92. Krištofík J., Mašán P., Šustek Z. 1996: Ectoparasites of bee-eater (*Merops apiaster*) and arthropods in its nests. Biologia, Bratislava 51/5: 557-570.

93. Lee S.-M., Chao A 1994: Estimating population size via sample coverage for closed capture-recapture models. Biometrics 50, 1: 88-97.

94. Lepš J., Šmilauer P. 1999: Multivariate analysis of Ecological Data. Faculty of Biological Sciences. University of South Bohemia Českié Budějovice: 1-110.

95. Leruth, R. 1939. La biologie du domaine souterrain et la faune cavernicole de la Belgique. Mémoire du Musée royal d'Histoire naturelle de Belgique 87: 396-418.

96. Lindquist E. E. 1975: Associations between mites and other Arthropods in forest floor habitats. Canadian Entomologist 107: 425-437.

97. Lindquist E. E., Krantz G. W., Walter D. E. 2009: Order Mesostigmata.W: Krantz G. W., Walter D. E. (red.) A Manual of Acarology, 3rd Edition. Texas Tech University Press, Lubbock: 124-232.

98. Lundqvist L., Hippan H., Koponen S. 1999: Invertebrates of Scandinavian caves. IX. Acari: Mesostigmata (Gamasina), with a complete list of mites, Acarologia 40, 4, 1999 (2000): 357-365.

99. Łomnicki A. 2006: Wprowadzenie do statystyki dla przyrodników. Wydawnictwo Naukowe PWN, Warszawa: 1-262.

PIŚMIENNICTWO

100. Magurran A.E. 2004: Measuring biological diversity. Blackwell Publishing, Oxford: 1-248.

101. Mašán P. 1994: The mesostigmatic mites (Acarina, Mesostigmata) associated with the dung beetles (Coleoptera, Scarabaeidae) in South Slovakia. Biologia, Bratislava 49: 201-205.

102. Mašán P. 2007. A review of the family Pachylaelapidae in Slovakia, with systematic and ecology of European species (Acari: Mesostigmata: Eviphidoidea). Institute of Zoology Slovak Academy of Sciences, Bratislava: 1-247.

103. Mašán P., Krištofík J. 1992: Phoresy of some Arachnids (Acarina and Pseudoscorpionidea) on synanthropic fillies (Diptera) in the South Slovakia, Biologia, Bratislava 47, 2: 87-96.

104. Mašán P., Fend'a P. 2004: Zerconid mites of Slovakia (Acari, Mesostigmata, Zerconide). Institute of Zoology Slovak Academy of Sciences, Bratislava: 1-238.

105. Mašán P., Madej G. (w druku): Description of 2 cave dwelling mites of the genus *Veigaia* (Acari, Mesostigmata, Veigaiidae) from Belgium: *V. hubarti* sp.n. and *V. leruthi* Willmann, 1935. Journal of Natural History.

106. Maschke K. 1936: Höhlenfauna des Glatzer Schneeberges. 5. Die Metazoenfauna der Bergwerke bei Mährisch-Alstadt. Beiträge zur Biologie des Glatzer Schneeberges 2: 175-191.

107. Maślak M., Barczyk G. 2011. Oribatid mites (Acari, Oribatida) on selected caves of the Kraków-Wieluń Upland (souther Poland). Biological Letters 48: 107-116.

108. Matuszkiewicz W. 2001: Przewodnik do oznaczania zbiorowisk Polski. Wydawnictwo Naukowe PWN: 1-537.

109. McGill B. J., Etienne R. S., Gray J. S., Alonso D., Anderson M. J., Benecha H. K., Dornelas M., Enquist B. J., Green J. L., He F., Hurlbert A. H., Magurran A. E., Marquet P. A., Maurer B. A., Ostling A., Soykan C. U., Ugland K. I., White E. P. 2007: Species abundance distributions moving beyond single prediction theories to integration within an ecological framework. Ecology Letters 10: 995-1015.

110. Michalik S. 1974: Wyżyna Krakowsko-Częstochowska. Wiedza Powszechna, Warszawa: 1-253.

111. Micherdziński W. 1969. Die Familie Parasitidae Oudemans 1901 (Acarina, Mesostigmata). Zakład Zoologii Systematycznej PAN. Państwowe Wydawnictwo Naukowe, Kraków: 1-689.

112. Microsoft Corporation, 2007: Microsoft OFFICE 2007.

113. Moldovan O. T., Pipan T., Iepure S., Mihevc A., Mulec J. 2007: Biodiversity and ecology of fauna in percolating waters in selected Slovenian and Romanian caves. Acta Carsologica 36/3, 493-501.

114. Moraza M. L. 2007: Species composition, structure and diversity of the soil Mesostigmata mite community in a natural beech forest (*Fagus sylvatica*) from southern Europe. Graellsia 63, 1: 35-42.

115. Moseley M 2007: Acadian biospeleology: composition and ecology of cave fauna of Nova Scotia and southern New Brunswick. Canada, International Journal of Speleology 36, 1: 1-21.

116. Motočec S. G. (red.) 2002: An overview of the cave and interstitial biota of Croatia. Natura Croatica 11, 1: 1-112.

117. Myślińska E. 2001: Laboratoryjne badania gruntów, Wydawnictwo Naukowe PWN, Warszawa: 1-244.

118. Novak T., Sambol J., Janžekovič F. 2003: Faunal Dynamics in the Železna Jama Cave. Acta Carsologica 33/2, 15: 249-267.

119. Nyka J. 1978: Prace naukowe alpinistów. Taternik 54 (238), 1: 13.

120. Ochman K., Wołoszyn B. 2000: Analiza holoceńskiej fauny nietoperzy (Chiroptera) z Jaskini pod Sokolą Górą. Studia Chiropterologica 1: 57-72.

121. Palacios-Vargas J. G., Gamboa-Vargas J. A. 1997: Recent biospeleological studies in Campeche (Yucatan peninsula, Mexico). Proceedings of the 12th International Congress of Speleology 6: 85-90.

122. Paoletti M. G., Celi M., Cipolat C., Tisat L., Faccio A., Del A. A., Boccelli R. 2009: Cave dwelling invertebrates: possible bioindicators of cave pollution- an Italian case. Contributions To Natural History 12: 1029-1047.

123. Papač V., Kováč L., Mock A., Košel V., Fend'a P. 2006: Terestrické článkonožce (Arthropoda) wybraných jaskýň Silickej Planiny. Výskum, využívaniea ochrana jaskýň 5, zborník referátov, SSJ, Demanovská dolina 2005, Liptovský Mikuláš: 187-199.

124. Pax F., Maschke K. 1935: Die Höhlenfauna des Glatzer Schneeberges. I. Die rezente Metazoenfauna. Beiträge zur Biologie des Glatzer Schneeberges, Breslau 1: 4-72.

125. Perotti M. A., Braig H. R. 2009: Phoretic mites associated with animal and human decoposition. Experimental and Applied Acarology 49: 85-124.

126. Pianka E. R. 1973: The structure of lizard communities. Annual Review of Ecology and Systematics 4: 53-74.

127. Pielou E. C., 1969: An introduction to mathematical ecology. John Wiley & Sons, New York: 1-294.

128. Pielou E. C. 1975: Ecological diversity. John Wiley & Sons, New York: 1-165.

129. Piernik A. 2008: Metody numeryczne w ekologii na przykładzie pakietu MVSP do analiz roślinności. Wydawnictwo Naukowe Uniwersytetu Mikołaja Kopernika, Toruń: 1-98.

130. Pipan T., Culver D. C. 2005: Estimating biodiversity in the epikarstic zone of a West Virginia cave. Journal of Cave and Karst Studies 67, 2: 103-109.

131. Podgórska B., Janowska M., Synowiec P., Górniak J. 2008: Projekt programu dla Miasta i Gminy Olkusz na lata 2009-2013 i kierunkowo do 2017: 1-15.

132. Polonius A. 2008: Środowisko jaskiniowe i jego ochrona. Przyroda Górnego Śląska 53: 3-4.

133. Postawa T., Zygmunt J. 2000: Zmiany liczebności nietoperzy (Chiroptera) w jaskiniach Wyżyny Częstochowskiej w latach 1975-1999. Studia Chiropterologica 1: 83-114.

134. Poulson T. L, Lavoie K. H. 2000: The trophic basis of subsurface ecosystems. W: Wilkens H., Culver D. C. Humphreys W. F. (red): Ecosystems of the world 30. Subterranean ecosystems. Elsevier: 231-249.

135. Poulson T. L., White W. B. 1969: The Cave Environment. Science 165 (3897): 971-80.

136. Racovitza E. G. 1907: Éssai sur les problems biospéologique. Archives de zoologie expérimentale et générale, notes et revue 6: 371-488.

137. Rafalski J. 1977: Pajęczaki (Arachnida). W: Zabierowski K. (red.). Przyroda Ojcowskiego Parku Narodowego. Studia Naturae Seria B PWN, Zakład Ochrony Przyrody, Warszawa, Kraków: 335-340.

138. Rafalski J. 1990: Niektóre zagadnienia zoogeograficzne pasma Jury Krakowsko-Wieluńskiej ze szczególnym uwzględnieniem Ojcowskiego Parku Narodowego. Prądnik, Prace i Materiały Muzeum im. Prof. Władysława Szafera 1: 31-33.

139. Richling A. (red.) 1993: Metody szczegółowych badań geografii fizycznej. Państwowe Wydawnictwo Naukowe, Warszawa: 1-284.

140. Romer E. 1949. Regiony klimatyczne Polski. Prace Wrocławskiego Towarzystwa Naukowego: B, 17, 27.

141. Romero A. 2009: Cave biology: life in darkness. Cambridge University Press, 1- 291.

142. Salmane I., Brumelis G. 2008: The importance of the moss layer insustaining biological diversity of Gamasina mites in coniferous forest soil. Pedobiologia 52, 1: 69-76.

143. Schiner J.R. 1854: Fauna der Adelsberger-Lueger und Magdanenen Grotte.W: Schmidt A. (red.). Die Grotten und Höhlen von Adelsberg, Lueg, Planina und loss, Braumüller, Wien: 231-272.

144. Schmölzer K. 1995: Catalogus faunae Austriae. Ein systematisches Verzeichnis aller auf österreichischem Gebiet festgestsllten Tierarten. Teil IX f: U.- Ordn.: Anactinochaeta (Parasitiformes). Verlag der Österreichischen Akademie der Wissenschaften, Wien: 1-179.

145. Schneider K., Culver D. C. 2004: Estimating subterranean species richness using intensive sampling and rarefaction curves in a high density cave region in West Virginia. Journal of Cave and Karst Studies 66, 2: 39-45.

146. Schneider K., Scheu S., Maraun M. 2007: Microarthropod density and diversity respond little to spatial isolation. Basic and Applied Ecology 8: 26-35.

147. Schulz E. 1989: Abundanzdynamik der Gamasina und Uropodina (Acari: Mesostigmata) eines Kalkbuchenwaldes. (Zur Funktion der Fauna in einem Mullbuchenwald). Verhandlungen der Gesellschaft für Ökologie (Göttingen) 17: 285-291.

148. Seaby R. M. H., Henderson P. A. 2006: SPECIES DIVERSITY AND RICHNESS, Version 4.0; Pisces Conservation Ltd.

149. Seaby R. M. H., Henderson P. A. 2007: CAP ver.4 (Community Analysis Package 4), Version 4.0; Pisces Conservation Ltd.

150. Sharratt N. J., Picker M. D., Samways M. J. 2000: The invertebrate fauna of the sandstone caves of the Cape Peninsula (South Africa): patterns of endemism and conservation priorities. Biodiversity and Conservation 9: 107-143.

151. Skalski A. W. 1967: Charakterystyka współczesnej fauny Szczeliny Chochołowskiej w Tatrach. Prace Muzeum Ziemi 11: 281-287.

152. Skalski A. W. 1990. W: 135-lecie badań faunistycznych w jaskiniach ojcowskich. Prądnik, Prace i Materiały Muzeum im. prof. Władysława Szafera 1: 9-17.

153. Sket B. 2008: Can we agree on an ecological classification of subterranean animals? Journal of Natural History 42: 1549-1563.

154. Skorupski M. 2008: Wykaz gatunków Acari: Mesostigmata. W: Bogdanowicz W., Chudzicka E., Pilipuk I., Skibińska E. (red.). Fauna Polski- charakterystyka i wykaz gatunków. Muzeum i Instytut Zoologii PAN, Warszawa, 3: 64-76.

155. Slaney D. P., Weinstein, P. 1997: Conservation of cave fauna: more than just bats. Memoirs of the Museum of Victoria 56, 2: 591-596.

156. Sokołowska M., Skubała P. 2007: Oszacowanie liczebności mikrostawonogów w martwych kłodach świerka i buka na obszarach chronionych. Południowo- Wschodni Oddział Polskiego Towarzystwa Inzynierii Ekologicznej z siedzibą w Rzeszowie Polskie Towarzystwo Gleboznawcze, Oddział w Rzeszowie. Zeszyty Naukowe 9: 85-90.

157. Stanisz A. 1998: Przystępny kurs statystyki w oparciu o program STATISTICA PL na przykładach z medycyny. StatSoft Polska sp. z o.o., Kraków.

158. Stone F. D., Howarth F. G. 2005: Hawaiian cave biology: status of conservation and management. National Cave and Karst Management Sympozjum: 21-26.

159. Summers Engel A. 2007: Observations on the biodiversity of sulfidic karst habitat. Journal of Cave and Karst Studies 69, 1: 187-205.

160. Symonides E. 1992: Różnorodność biologiczna: znaczenie jej oceny i ochrony w polskich parkach narodowych. Wiadomości Ekologiczne 38 (4): 221-235.

161. Szelerowicz J. 1989: Schronisko koło Jaskini Lodowej, Opracowanie Jaskiniowego Klubu Jurajskiego PTTK (maszynopis).

162. Szelerowicz M. 1989a: Jaskinia Lodowa w Jaroszowcu. Opracowanie Jaskiniowego Klubu Jurajskiego PTTK (maszynopis).

163. Szelerowicz M. 1989b: Jaskinia poniżej Lodowej. Opracowanie Jaskiniowego Klubu Jurajskiego PTTK (maszynopis).

164. Szelerowicz M. 1989c: Jaskinia pod Porzeczką. Opracowanie Jaskiniowego Klubu Jurajskiego PTTK (maszynopis).

165. Szelerowicz M., Górny A. 1986: Jaskinie Wyżyny Krakowsko-Wieluńskiej. Wyd. PTTK „Kraj". Warszawa-Kraków, 1-200,

166. Szelerowicz M., Górny A. 1989: Jaskinia Błotna. Opracowanie Jaskiniowego Klubu Jurajskiego PTTK (maszynopis).

167. Szymczakowski W. 1957: Catopidae (Coleoptera) des Grottes dans les Sokole Góry près de Częstochowa. Acta Zoologica Cracoviensia 1, 4: 65-116.

168. Ščerbak G. I. 1980: Klešči semiejstva Rhodacaridae Palearktiki. Izdatielstvo Naukova Dumka: 1-216.

169. Ter Braak C. J. F., Šmilauer P. 2002: CANOCO Reference Manual and User's Guide to Canoco for Windows: Software for Canonical Community Ordination (version 4.5), Microcomputer Power (Ithaca, NY, USA).

170. Tercafs R. 2001: The Protection of the Subterranean Environment: Conservation Principles and Management Tools. Production Services Publishers, Luxembourg: 1-402.

171. Trojan P. 1975: Ekologia ogólna. Państwowe Wydawnictwo Naukowe, Warszawa: 1-308.

172. Trojan P., Wytwer J. 1996: Różnorodność gatunkowa fauny. Zeszyty Naukowe Komitetu „Człowiek i Środowisko" 15: 39-55.

173. Vignoli L., Caldera F., Bologna M. A. 2006: Trophic niche of cave populations of *Speleomantes italicus*. Journal of Natural History 40, 29-31: 1841-1850.

174. Wall D. H., Ross A. V. 1999: Controls on soil biodiversity: insights from extreme environments. Applied Soil Ecology 13, 2: 137-150.

175. Ward J. H. 1963: Hierarchical Grouping to optimize an objective function. Journal of American Statistical Association 58 (301): 236-244.

176. Wassmer T. 1995: Selection of the spatial habitat of coprophagus beetles in the Kaiserstuhl area near Freiburg (SW-Germany). Acta Oecologica 16(4): 461-478.

177. Wauthy G., Ducarme X. 2006: Description of *Hypogeoppia belgicae*, a new species of cave mite (Acari, Oribatida), and comments on some characters. Belgian Journal of Zoology 136, 2: 203-218.

178. Weigmann G., Wohlgemuth-von Reiche D. 1999: Vergleichende Betrachtungen zu den Überlebensstrategien von Bodentieren im Überflutungsbereich von Tieflandauen. W: Dohle W., Bornkamm R., Weigmann G. (red.). Limnologie aktuell. Das Untere Odertal. Schweizerbart'sche Verlagsbuchandlung. Stuttgart 9: 229-240.

179. Welbourn W. C. 1999: Invertebrate Cave Fauna of Kartchner Caverns, Kartchner Caverns, Arizona. Journal of Cave and Karst Studies 61, 2: 93-101.

180. Wessel A., Erbe P., Hoch H. 2007: Pattern and process: evolution of troglomorphy in the cave-planthoppers of Australia and Hawai'i- preliminary observations (Insecta: Hemiptera: Fulgoromorpha: Cixiidae). Time in Karst, Postojna: 199-206.

181. Willmann C. 1936: Die Milben der Reyersdorfer Höhle. Mitten für Höhlen- und Karstforschung 3: 123-124.

182. Willmann C. 1939. Die Moorfaune des Glatzer Schneeberges. 3. Die Milben der Schneebergmoore. Beiträge zur Biologie des Glatzer Schneeberges, Breslau 5: 427-458.

183. Willmann C. 1951: Die hochalpine Milbenfauna der mittleren Hohen Tauren insbesondere des Grossglockner-Gebietes (Acari). Bonner Zoologische Beiträge 2: 141-176.

184. Willmann C. 1954: Mährische Acari, hauptsächtlich aus dem Gebiete des mährischen Karstes. Československá Parazitologie 1: 213-272.

185. Willmann C. 1956. Milben aus dem Naturschutzgebiet auf dem Spieglitzer (Glatzer) Schneeberges. Československá Parazitologie 3: 211-273.

186. Witkowski Z. 1970: Zagadnienie różnorodności gatunkowej w badaniach biocenotycznych. Wiadomości Ekologiczne 16, 2: 117-131.

187. Wołoszyn B. W. 1970: Holoceńska fauna nietoperzy (Chiroptera) z jaskiń tatrzańskich. Folia Quaternaria 35: 1-52.

188. Xiang C., Song L., Zhang P., Pan G., 2003: The case study on soil fauna diversity in different ecological system in Shilin national park, Yunnan, China. Acta Carsologica 32/2: 188-194.

189. Zacharda M. 1979: The evaluation of the morphological characters in Rhagidiidae. W: Rodriguez J.G. (red.). Recent advances in Acarology. Academic Press, New York: 509-514.

190. Zagorodniuk I. (red.) 2004: Fauna piečer Ukrainy. Praci Teriologičnoj Školi 6, Kijov: 1-248.

191. Żbikowska-Zdun K., Piksa K., Smaczyńska A. 2009: Variation of selected morphological characters of the cave mite *Oribella cavatica* Kunst, 1962 (Acari, Oribatida). Biological Letters 46, 2: 123-127,

Źródła internetowe

192. Baker G. M. 2007: A Guide to Cave life in Great Basin National Park. W: Field Guide to Cave Life Great Basin National Park Baker, Nevada.http://www.nps.gov/grba/naturescience/upload/Field%20Guide%20to%20Cave%20Life.pdf

193. Benigno G. M., 2004: The Effect of Bat Guano on the Forest Litter Invertebrate Food Web, nature.berkeley.edu /classes/es196/projects/2004final/Benigno.pdf.

194. Dufrêne M. 1998: IndVal Version 2.0-02/05/1998 http://biodiversite.wallonie.be/outils/indval/indval.readme.html.

195. Google maps. http//:maps.google.pl.

196. Gotelli N. J., Entsminger G. L. 2006: ECOSIM: Null models software for ecology. Version 7. Acquired Intelligence Inc. & Kesey-Bear. Jericho, VT 05465 http://garyentsminger.com/ECOSIM/index.htm.

197. Journey into Amazing Caves, http://www.amazingcaves.com/.

198. The Virtual Caves, http://www.goodearthgraphics.com/virtcave.

199. Moulds T. A. 2006: The seasonality, diversity and ecology of cavernicolous guano dependent arthropod ecosystems in southern Australia. http://digital.library.adelaide.edu.au/dspace/handle/2440/37815.

200. Serwis Edukacyjny Państwowego Instytutu Geologicznego. http://edu.pgi.gov.pl/muzeum/jaskinie/jaskinie.htm

201. StatSoft, Inc. 2010. STATISTICA (data analysis software system), version 9.1. www.statsoft.com.

202. Urbański K. 2008: Metodyka dokumentowania chemicznych przekształceń gleb na terenach przemysłowych. http:// winntbg.bg.agh.edu.pl/rozprawy2/10014/full10014.pdf

203. Wildlife Cave Ecology. 2003: Further Information, Parks and Wildlife Service Tasmania. www.parks.tas.gov.au.

8. SPIS RYCIN

SPIS RYCIN

SPIS RYCIN

SPIS RYCIN

9. SPIS TABEL

SPIS TABEL

FSC
www.fsc.org
MIX
Papier | Fördert
gute Waldnutzung
FSC® C083411

Kolibri 360 GmbH
Ferdinand-Jühlke-Straße 7
99095 Erfurt, Deutschland
produktsicherheit@kolibri360.de

Druck:
CPI Druckdienstleistungen GmbH
im Auftrag der
Kolibri 360 GmbH
Ferdinand-Jühlke-Str. 7
99095 Erfurt